# 粗糙集分类模型及特征选择算法研究

卢正才 著

西南财经大学出版社
Southwestern University of Finance & Economics Press

中国·成都

**图书在版编目(CIP)数据**

粗糙集分类模型及特征选择算法研究/卢正才著.—成都:西南财经大学出版社,2024.6

ISBN 978-7-5504-6214-4

Ⅰ.①粗… Ⅱ.①卢… Ⅲ.①人工智能—算法—研究 Ⅳ.①TP183

中国国家版本馆 CIP 数据核字(2024)第 111434 号

## 粗糙集分类模型及特征选择算法研究

CUCAOJI FENLEI MOXING JI TEZHENG XUANZE SUANFA YANJIU

卢正才 著

责任编辑:李　才
责任校对:周晓琬
封面设计:何东琳设计工作室
责任印制:朱曼丽

| | |
|---|---|
| 出版发行 | 西南财经大学出版社(四川省成都市光华村街55号) |
| 网　　址 | http://cbs.swufe.edu.cn |
| 电子邮件 | bookcj@swufe.edu.cn |
| 邮政编码 | 610074 |
| 电　　话 | 028-87353785 |
| 照　　排 | 四川胜翔数码印务设计有限公司 |
| 印　　刷 | 郫县犀浦印刷厂 |
| 成品尺寸 | 170 mm×240 mm |
| 印　　张 | 12 |
| 字　　数 | 201 千字 |
| 版　　次 | 2024 年 6 月第 1 版 |
| 印　　次 | 2024 年 6 月第 1 次印刷 |
| 书　　号 | ISBN 978-7-5504-6214-4 |
| 定　　价 | 72.00 元 |

# 前　言

　　信息技术日新月异，人类社会面临着"数据爆炸"的局面。从大量杂乱无章的数据中提取有价值的知识和模式，是数据挖掘和知识发现的核心内容。粗糙集理论作为一种重要的数据挖掘工具，能有效地分析处理不精确、不一致、不完备数据的分类问题，但仍然面临三个主要挑战：粗糙集分类模型的扩展问题；特征选择算法的效率问题；知识不确定性的度量问题。本书针对上述问题，分析并总结了该领域已有的研究成果，对粗糙集分类模型及特征选择算法展开了深入研究，并取得了一定的研究成果，希望对广大科研工作者有所启发。

　　本书共分六章。第 1 章绪论，介绍研究背景和意义，以及粗糙集分类模型及特征选择算法的研究现状。第 2 章正向宏近似分类模型，针对不完备数据的分类问题，研究并提出了正向宏近似分类模型及其特征选择算法。正向宏近似分类模型把整个决策类集作为一个整体来进行近似计算，从宏观的角度描述了决策类集的上下近似，是一种能够快速求解一系列不同属性子集下系统近似的机制。基于正向宏近似分类模型提出的特征选择算法，采用正向宏近似分类模型快速产生边界，采用边界度量的属性重要度作为启发信息决定最优寻找路径，采用边界评估的约简准则来识别特征子集，明显地提高了计算效率。第 3 章邻域划分分类模型，针对数值型和符号型数据的分类问题，提出了邻域划分分类模型及其特征选择算法。邻域划分分类模型通过邻域划分来描述分类模型，是对邻域决策粗糙集模型的改进和提升。基于邻域划分分类模型提出的特征选择算法，采用不平衡二叉树模型计算邻域，提高了计算效率；采用邻域正域确定度来评估属性，提高了分类精度。第 4 章强化一致优势分类模型，针对偏好型数据的分类问题，提出了强化一致优势分类模型及其特征选择算法。强化一致优势分类模型按照强化一致优势原则制定了对象分类策略，具有很强的鲁棒性。基于强化一致优势分类模型提出的特征选择算法采用组合粗糙熵度量属性重要度，综合考虑了偏好决策系统的知识不确定性和目标决策类集的不确定性，能快速找到约简。第5章混合数据分类模型及其在态势评估系统中的应用，针对符号型、数值型、偏好型数据共同描述的分类问题，提出了混合数据分类模型，并运用态势威胁评估分析，设计并实现了面向模型扩展的威胁评估系统。第6章总结与展望，对本书研究内容进行总结并对未来工作进行展望。

　　本书是关于粗糙集理论应用于数据分类的专著，希望本书的理论模型和算法分析，能够对从事模式识别、知识发现研究的学者以及爱好科研的朋友有一定的参考价值。笔者水平有限，书中不妥之处，敬请读者指正。

　　本书的出版依托如下基金项目：泸州市科技计划项目（2023KTP167）；数据智能分析与处理泸州市重点实验室2022年度开放基金课题（SZ202202）；泸州职业技术学院高层次人才科研启动经费项目（LZYGCC202108）；人工智能与大数据技术研究团队项目（2021YJTD05）。

卢正才

2024年2月

# 目　录

# 1 绪论

## 1.1 研究背景和意义

近年来，信息技术，尤其是计算机技术和网络技术的日新月异，使得人们能够更方便、更快捷、更低廉地获取和存储数据，数据量得以迅猛增长，人类社会正面临"数据爆炸"的局面。在民用领域，如金融市场、商业销售、产品制造、医疗保险、科学研究、工程实验、石油勘探、实时监控等，会产生海量数据；在军事领域，如航天试验、卫星通信、雷达搜索、军事测绘等，也会产生大量数据。面对如此丰富的数据与信息资源，如何科学有效地从这些杂乱无章的数据中发现对人们有价值的知识和模式，是智能信息处理面临的前所未有的挑战。知识发现技术在此应用背景下产生并得以迅速发展，已经成为智能信息处理技术领域的重要研究方向，有着广阔的应用前景。

知识发现（knowledge discovery in database，KDD）是在 1989 年 8 月召开的人工智能联合会议上首次提出的[1]。KDD 一经提出，便受到了广泛关注和高度重视。在学术界，KDD 被看作数据库系统和机器学习的一个重要研究课题。1993 年，KDD 技术专刊在 IEEE 刊物（*Knowledge and Data Engineering*）上出版；1995 年，KDD 组委会把 KDD 的会议规模由专题讨论会扩展为 KDD 国际学术会议，并规定每年召开一次；1997 年，KDD 组委会创建了 KDD 自己的专门期刊 *Data Mining and Knowledge Discovery*。在工商界，KDD 被看作一个能带来巨大回报的重要领域。许多世界 500 强企业都拥有一个或多个 KDD 产品系统，比如：IBM 公司为新一代决策支持系统开发了高效数据挖掘基本构件 QUEST；SGI 公司的 MineSet 系统集成了多种数据挖掘算法和可视化工具，可为用户直观地、实时地挖掘和展示隐藏在大量数据中的知识和模式。

知识发现是从数据集中识别出有效的、新颖的、潜在有用的以及最终可理解的模式的非平凡过程，是统计学、计算机科学、模式识别、人工智能、机器学习以及其他学科相结合的产物[2]。知识发现可分为数据准备（data preparation）、数据挖掘（data mining）和解释评估（interpretation and evaluation）三个阶段。其中，数据准备阶段主要进行数据选择（data selection）、数据预处理（data preprocessing）和数据降维（dimension reduction）等；数据挖掘阶段按照特定任务，采用一定的算法从数据中提取知识和模式；解释评估阶段负责对在数据挖掘阶段发现的模式进行评判和解释，剔除冗余的或无关的模式，并把最终结果转化成用户易懂的形式。由此可见，知识发现的核心是数据挖掘，其他步骤都是用来保证从数据中挖掘出来的模式是有用的。因此，数据挖掘是研究人员的主要努力方向，已经成为当前研究的热点问题[3]。

分类（classification）是数据挖掘中一项非常重要的任务，可用于创建重要特征描述的数据分类模型和预测未来的数据趋势[3-4]。现实生活中的很多问题都可以转化为分类问题，因此，分类技术的应用十分广泛。在金融领域，通过现有的银行贷款客户资料以及贷款执行情况建立分类模型，可对新来的贷款客户进行分类，以降低贷款的风险；在电子商务领域，通过对买家历史的购买行为和购买记录建立分类模型，可判断某一商品的受众群体，从而制定相应的营销策略；在企业管理领域，通过工厂机器运转的历史数据建立分类模型，可对机器运转情况进行分类，以预测机器故障的发生；在医疗诊断领域，通过病人的历史诊断记录建立分类模型，可分析病人的发病原因；在信息过滤与信息安全领域，通过邮件特征建立分类模型，可判断邮件是正常邮件还是垃圾邮件，从而解决垃圾邮件问题。分类技术已经深入人们的日常生活和工作中，研究分类技术具有重要的应用价值和现实意义。在军事领域，分类技术已经运用到军事情报资料分析、战争风险预测、武器攻击效果分析等方面，特别是为指挥员提供重要决策支持的战场态势评估本质上也是一个分类问题[5]。态势评估把战场的观察数据理解为特征，把战场可能出现的态势描述理解为态势类，然后根据专家提供的从"类到特征"形式的知识，按照底层类模式是上一层特征的原则，逐层推理，从而确定特征关于给定类的相关性。分类技术已经应用于军事领域的许多方面，研究分类技术对于军事应用具有极其重要的意义。

分类技术发展到现在，已经产生了很多的分类方法。由于数据的复杂性和多样性，针对某类数据建立起来的分类方法不可能适用于所有分类问题，也就是说分类方法都有其各自的特点和适用范围，不存在对于任何数据都有很好分类效果的分类方法。而且，为了在某个特定领域有良好的表现，分类方法通常需要引入领域知识，并结合特定的领域问题加以改进。因此，虽然一些分类方法已趋于成熟，分类问题仍然是知识发现和数据挖掘领域的一项重要的研究内容，对其进行深入研究是非常有必要的。

## 1.2 分类技术研究

分类是一个从一定的数据集中抽象出同一类别数据的共同特性，并以此区分数据的过程[3-4,6]。分类是数据挖掘的主要内容之一，它根据一个或多个特征属性变量对另外一组相关变量建立分类模型，然后使用该模型把数据项映射到某个给定的类上，并输出离散的类别值。分类的关键是构造分类模型。

分类问题可描述为：给定一个由 $n$ 个对象组成的数据集 $S$，其中，每个对象都可以用向量表示为 $X = (X_1, X_2, \cdots, X_m)$，$X_1, X_2, \cdots, X_m$ 均为属性值；每个对象都有一个给定的类别值。分类的任务就是采用一定的算法对这个数据集进行分析处理，并最终建立起一个目标函数 $f$（也称为分类模型），该函数能把任意对象 $X$ 映射到某个已知类。

分类技术是一种根据输入数据集建立分类模型的系统方法。目前，主要的分类方法有：决策树、神经网络、贝叶斯、支持向量机、K-最近邻、粗糙集等。

### 1.2.1 决策树方法

决策树方法（decision tree，DT）本质上是一种归纳学习方法[7]。它采用信息论的方法计算每个属性的信息度量值，然后选择信息度量值最大的属性作为决策树的节点，并把属性的不同取值作为节点的多个分支，自顶向下逐层递归，就建立起了一个二叉或多叉的树状结构，即决策树。对于给定的决策树，从根节点出发，经过若干中间节点，最后将到达叶节点。这样形成的一条路径对应于一条分类规则，整个决策树就对应于一组分类规则。

决策树方法的工作过程如图 1-1 所示。

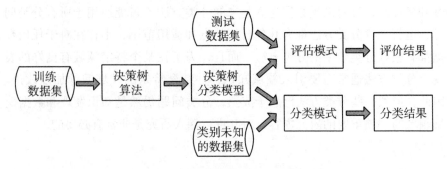

图 1-1　决策树方法的工作过程

决策树算法通过构造决策树来发现数据中蕴含的分类规则，其核心内容在于如何构造精度高、规模小的决策树。常见的决策树算法有 ID3、C4.5、CART 等。

#### 1.2.1.1　ID3 算法

ID3 算法是 Quinlan 于 1986 年提出的，是国际上最早的且最有影响力的决策树算法[7]。该算法首次引入信息论中的信息增益作为属性选择的标准，并将建树的方法嵌入其中。ID3 算法的步骤如下：

（1）计算当前对象集每个属性的信息增益值；

（2）把具有最大信息增益值的属性 $c_{max}$ 作为决策树的节点；

（3）根据 $c_{max}$ 的取值，把当前的对象集分成多个子集，形成该节点的多个分支；

（4）对于每个子集，如果子集对象同属于一个类别，则该分支为叶节点，标注相应的类别标记并返回；否则，对该子集递归调用建树算法，即返回步骤（1）。

ID3 算法的优点是：理论清晰，原理简单，且分类准确率较高。其缺点是：对噪声敏感，鲁棒性差，训练数据的轻微错误都会导致不同的分类结果；只能处理离散型数据；存在偏向问题，属性的信息增益量的大小受其取值个数的影响，一般情况下，属性取值个数越多，其信息增益量往往越大，导致算法偏向选择取值多的属性。

#### 1.2.1.2　C4.5 算法

C4.5 算法是 Quinlan 在 ID3 算法的基础上改进而来的[8]。与 ID3 算法相比，C4.5 算法有如下特点：

（1）引入信息增益率作为属性选择准则，有效地克服了 ID3 算法选择属性时存在的偏向问题；

（2）在构造树的过程中做剪枝处理，使得决策树的规模变得更小；

（3）能够处理连续型数据；

（4）能够处理不完备数据。

C4.5 算法分类准确率较高但效率低，原因在于建树过程需要多次对样本数据进行顺序扫描和排序。当样本数据量很大时，这些操作将耗费大量的时间，导致算法无法正常工作。

### 1.2.1.3　CART 算法

CART（classification and regression trees）算法是 Breiman 等在 1984 年提出的一种生成二叉决策树的算法[9]。与 Quinlan 提出的 ID3 算法和 C4.5 算法不同，CART 算法采用度量数据划分或数据集不纯度的 Gini 指标来选择属性。它的基本思想是：选择能够产生最小 Gini 指标的属性作为最佳分裂属性，根据该属性，列出当前数据集划分为两个数据子集的所有可能组合，计算每种组合下的 Gini 指标，找到最小 Gini 指标对应的组合作为分裂子集；重复这个过程，当数据子集中的样本都属于同一类别时建树结束。

CART 算法采用交叉验证和测试集验证的结果对生成的复杂二叉决策树进行剪枝处理，能得到比较精简的决策树，并且能很好地处理离散型数据和连续型数据。当目标是离散变量时，CART 算法生成分类树；当目标是连续变量时，CART 算法生成回归树。

### 1.2.1.4　其他算法

上述决策树算法适用于规模较小的数据集，当数据量很大时，这便对算法的有效性和伸缩性提出了更高的要求。Methta 等提出了 SLIQ 算法[10]，该算法在构造决策树的过程中采用了预排序和广度优先增长策略，具有良好的可扩展性，能够处理大规模的数据集。Shafer 等提出了 SPRINT 算法[11]，该算法采用了属性表和直方图两种数据结构，能够减少驻留于内存的数据量，在数据规模很大的情况下仍有很快的建树速度，且分类效果较好。

## 1.2.2　神经网络方法

神经网络（neural network，NN）是对人脑系统的简化、抽象和模拟，由大量的简单神经元经广泛并行互连而成[12-16]。它的基本组成单元是神经元，神经元是一个多输入单输出的信息处理单元。神经网络分类的基本思想是：通过用样本集的输入/输出模式反复作用于神经网络，并按照一定的学习算法自动调节神经元之间的连接强度，使得神经网络的输出达到期望要求，或者趋于稳定，就建立好了神经网络分类模型，可以对未知类别的数据进行分类。

神经网络的特性以及分类能力主要取决于网络的拓扑结构和学习算法。网络的拓扑结构可分为层次型结构和互连型结构两大类，层次型结构又可以分为单层、两层和多层网络结构。多层神经网络根据神经元功能的不同，可分为输入层、隐藏层和输出层，层上的节点之间通过权值相连，如图1-2所示。

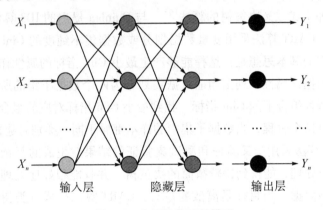

**图1-2 多层神经网络模型**

输入层是神经网络的对外接口，接受外部环境的输入数据，加权后传递给隐藏层的神经元；隐藏层是神经网络的内部处理层，也是神经网络的核心层，隐藏层的神经元决定了神经网络的模式变换能力，数据经过隐藏层处理后加权传递给输出层；输出层发布神经网络对数据的分类结果。比较有代表性的多层神经网络模型有前馈神经网络、侧抑制神经网络和反馈神经网络等。

神经网络学习可分为有监督学习和无监督学习。有监督学习需要提供训练数据的期望输出模式，用它与神经网络对训练数据的实际输出结果比较，如果二者不符，则根据差错方向和大小按一定的规则调整权值，以使下次神经网络的输出结果更接近期望结果；重复这个过程，直到神经网络对于给定的训练数据均能输出所期望的结果时学习结束。无监督学习根据学习规则（如 Hebb 规则、误差修正规则和 Delta 规则等）发现数据的模式和规律，同时根据神经网络的功能和输入信息调整权值，直到神经网络能对属于同一类的模式进行自动分类。

BP（back propagation）学习算法是目前研究最多、应用最广的前馈神经网络的主要学习算法[17-18]，也是一个有监督学习算法。其步骤如下：

（1）对网络中各节点的连接权值和神经元阈值赋给［-1，1］区间的随机数，设网络修正状态标志 Flag=0。

（2）如果 Flag=0，说明网络没有被修正。若当前训练样本集不为空，则从中选择一个训练样本，将其输入和期望输出送入神经网络；若当前训练样本集为空，则算法结束。如果 Flag=1，说明网络被修正。所有样本将被重新学习，即在初始训练样本集中选择一个训练样本，将其输入和期望输出送入神经网络，且使 Flag=0。

（3）正向传播。对给定的输入数据，从第一隐藏层逐层计算神经网络的输出，直到得到最终输出结果；把它与期望结果比较，如果二者有误差，则转到步骤（4），否则转到步骤（2）。

（4）反向传播。从输出层反向计算第一隐藏层，逐层修正各个神经元的连接权值，并使 Flag=1。

神经网络方法具有并行处理信息和自组织学习等特点，适合于处理大型、复杂的分类问题。不足之处在于：神经网络的众多参数和符号不容易解释清楚，因此神经网络难以理解；不能利用神经网络直接生成规则；神经网络模型的学习时间较长；对训练数据可以进行准确的分类，但对测试数据可能会失效；要想得到准确度高的神经网络模型，需要做大量的数据准备工作。

### 1.2.3　贝叶斯方法

贝叶斯方法（Bayesian analysis，BA）是基于贝叶斯定理的统计学分类方法[19-21]。它根据后验概率公式，用已知的先验概率和类条件概率计算出后验概率，来预测一个未知类别的样本属于各个类的可能性，从而判断该样本的最终类别。

贝叶斯方法把样本所属的类别看作条件，把样本的各属性值作为结果，分类看作一个根据结果推测条件的推理过程。其形式化描述如下：

设 $C_i(i=1,2,\cdots,n)$ 是特征空间中的类，$P(C_i)$ 表示类 $C_i$ 发生的先验概率，$P(X|C_i)$ 表示在类 $C_i$ 发生的情况下样本特征向量 $X$ 取值的概率分

布，那么 $X$ 属于各个类的后验概率 $P(C_i \mid X)$ 为：

$$P(C_i \mid X) = \frac{P(X \mid C_i)P(C_i)}{\sum\limits_{i=1}^{n} P(X \mid C_i)P(C_i)} \tag{1-1}$$

根据样本属于各个类的后验概率以及其他因素，就可以对该样本进行分类了。

贝叶斯分类有很多形式，常见的贝叶斯分类模型有以下几种：

### 1.2.3.1　最大后验概率贝叶斯分类模型

最大后验概率贝叶斯分类模型根据样本属于各个类的后验概率，把样本划归为具有最大后验概率的那个类，其分类规则可表示为：

当 $P(C_k \mid X) = \max\limits_{1 \leqslant i \leqslant n} P(C_i \mid X)$ 时，判决 $X \in C_k$。

采用最大后验概率贝叶斯分类模型的分类错误概率为：

$$P(e) = \int_{-\infty}^{+\infty} \left( \sum_{i=1}^{n} P(C_i \mid X) - \max_{1 \leqslant j \leqslant n} P(C_j \mid X) \right) P(x)\,\mathrm{d}x \tag{1-2}$$

当 $P(e)$ 最小时，最大后验概率贝叶斯分类模型具有最小的分类错误率。

### 1.2.3.2　最大似然比贝叶斯分类模型

最大似然比贝叶斯分类模型把由特征向量计算得到的似然比与相应的判决门限值进行比较，实现对未知类别样本的分类。

最大似然比贝叶斯分类模型可描述为：对于任意的类 $C_j$，存在某个类 $C_i$，使得 $L_{ij} > \tau_{ij}$ 成立，则判决 $X \in C_i$。其中 $L_{ij} = P(X \mid C_i)/P(X \mid C_j)$ 称为似然比，是待分类特征向量概率分布的比值；$\tau_{ij} = P(C_j)/P(C_i)$ 称为判决门限，是两个类的先验概率的比值。

### 1.2.3.3　最小风险贝叶斯分类模型

最小风险贝叶斯分类模型不仅考虑了样本属于每一类的后验概率，还考虑了每一种类别的风险，选择条件风险最小的类别作为分类结果。

设 $\mu_{ij}$ 表示把原本属于类 $C_j$ 的样本 $X$ 归为类 $C_i$ 带来的损失，$\mathfrak{R}\,(C_i \mid X)$ 表示把 $X$ 归为类 $C_i$ 后的条件风险。把样本属于各类的后验概率作为权值，则 $\mathfrak{R}\,(C_i \mid X)$ 可通过计算分类判决的加权平均损失得到，即：

$$\mathfrak{R}\,(C_i \mid X) = \sum_{j=1}^{n} \mu_{ij} P(C_j \mid X),\ i = 1,\ 2,\ \cdots,\ n \tag{1-3}$$

那么，最小风险贝叶斯分类模型的分类规则为：若 $\mathfrak{R}\,(C_k \mid X) =$

$$\min_{1 \leqslant i \leqslant n} \Re \left( C_i \mid X \right), \quad \text{则 } X \in C_k。$$

贝叶斯方法的优势在于能较好地处理带噪声数据的分类问题。其劣势在于条件比较苛刻，表现在：贝叶斯方法要求属性值对于给定类的影响独立于其他属性值，这在实际中很难满足；贝叶斯方法需要正确的先验知识，这也很难保证，因为先验知识大多来源于经验或实验结论，没有确定的理论支持，不能保证其完全正确。

### 1.2.4 支持向量机方法

支持向量机（support vector machine，SVM）是一种基于统计学习理论的分类技术[22-25]。其基本思想是把原始训练样本映射到一个线性可分的特征空间中，并在该特征空间中构造出一个最优分类面，使得不同类别的样本集到最优分类面的最短距离都最大，从而获得最好的泛化能力。

设存在线性可分的样本集 $(x_i, y_i)$，$i = 1, 2, \cdots, n$，$x_i \in R^m$，$y_i \in \{-1, 1\}$，则有 $m$ 维空间中线性判别函数 $H(x) = wx + b$，分类面方程 $H_0$：$wx + b = 0$，$H_1$：$wx + b = 1$，$H_2$：$wx + b = -1$。如图 1-3 所示。

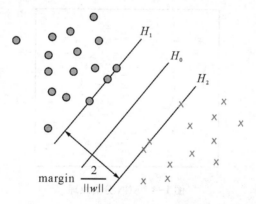

**图 1-3　线性可分情况下的最优分界线**

归一化处理后，所有样本满足 $\mid H(x) \mid \geqslant 1$，即距离分类面最近的样本满足 $\mid H(x) \mid = 1$，从而分类间隔为 $2/\parallel w \parallel$。要使分类间隔最大，就要使得 $\parallel w \parallel^2$ 最小。因此，满足 $y_i(wx_i + b) - 1 \geqslant 0$，$i = 1, 2, \cdots, n$，且使得 $\parallel w \parallel^2$ 最小的分类面就是最优分类面；距离最优分类面最近的平行平面上的点（即训练样本）称为支持向量。

对于线性不可分的情况，支持向量机通常使用一种非线性映射（如内积核函数），把原始训练样本映射到较高维的特征空间，使得它们线性可分，再采用线性可分的分类原理，在新的特征空间中构造出最佳分类面，把不同类的样本分开。

支持向量机的优点有：鲁棒性好，支持向量机只由少数的支持向量所确定，增加或删除非支持向量样本对模型没有影响；推广能力强，支持向量机采用结构风险最小化原理，有效克服了分类模型在样本集上有很高的分类正确率但在真实分类时正确率低的问题。支持向量机的不足在于：支持向量机的核函数及参数的构造和选择缺乏理论指导；针对大规模训练数据，训练要耗费大量的机器内存和运算时间。

### 1.2.5　K-最近邻方法

K-最近邻法（K-Nearest Neighbor，KNN）是 Cover 和 Hary 提出的一种经典的基于类比的分类方法[26-27]。KNN 的基本原理是：把测试样本和训练样本分别看作 $n$ 维空间中的未标注点和已标注点，对于一个未标注点，计算该点到所有已标注点之间的距离，找出与之距离最近的 $K$ 个已标注点，其中数量最多的那个类作为该未标注点的类别。如图 1-4 所示。

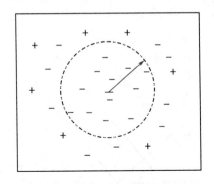

图 1-4　KNN 分类原理

KNN 分类过程简单，且有较好的分类效果，但存在一些明显的不足。KNN 要逐个计算每个未标注点与所有已标注点之间的距离，当样本容量很大时，运算时间会比较长。$K$ 值的选择比较困难：$K$ 值过小，使得可参照的样本类信息过少，不足以支持最终的分类结果，导致分类错误率升高；而 $K$ 值过大，会引入一些噪声信息，从而影响分类的准确性。如何选择 $K$ 值，目前还没有很好的办法，一般根据经验值，或者先设定一个较小值，然后通过实验进行逐步调整。

### 1.2.6  粗糙集方法

粗糙集方法（rough set，RS）是一种以对训练数据进行分类的能力为基础，进而发现知识和规则的分类方法[28-29]。其基本原理是：先对训练数据集进行粒化，形成知识粒，再使用知识粒使其与目标类近似，从而建立分类模型，用于对未知类别的样本进行分类。如图1-5所示。

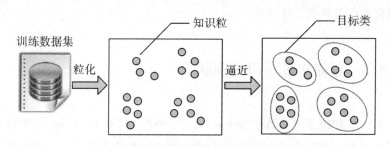

图1-5　粗糙集方法原理图

粗糙集方法模拟了人类处理不确定问题的思维方式。对训练数据集的粒化相当于人类在认识客观世界时按照对象的某种特性把对象抽象成不同的概念；用知识粒对目标类的逼近相当于人类用已知的概念去近似描述给定的事物。粗糙集方法采用分类样本的方式度量不确定性，是一种客观地处理不确定性分类问题的理想方法。

粗糙集方法与其他分类方法相比，具有以下主要特点：

（1）粗糙集理论是一种强大的数据分析工具。它能计算数据之间的依赖程度；能对数据进行约简处理，简化数据表达；能从数据中提取出规则和模式。

（2）粗糙集理论是一种软计算方法。与传统的使用精确算法来解决问题的硬计算方法不同，软计算方法主要研究不确定数据、不精确数据和不完全真实数据的容忍技术，并利用容忍技术寻找到对问题的近似解。

（3）粗糙集方法是完全数据驱动的，无需任何额外数据和先验知识。

（4）粗糙集方法能够处理不精确、不确定和不一致数据。

（5）粗糙集方法支持知识发现的数据预处理、数据降维、数据挖掘和解释评估等多个步骤，是知识发现的主流技术之一。

（6）粗糙集方法提供了一个属性约简机制，能够去除冗余属性，从而提高知识发现效率和分类模型的泛化能力。

（7）粗糙集方法能够产生易于理解和使用的分类规则。

（8）粗糙集理论有很好的可扩展性和可结合性。粗糙集理论建立了一个处理不确定问题的框架和模式，可以通过扩展粗糙集分类模型来进一步丰富粗糙集理论。另外，粗糙集理论能够很好地和其他处理不确定性的方法相互渗透，取长补短，发挥更好的作用。

粗糙集方法的这些特点决定了它在数据分析尤其是不确定性数据分析方面有着不可替代的优越性。

## 1.3　粗糙集理论研究现状

粗糙集理论是波兰数学家 Pawlak 于 1982 年针对 G. Frege 边界线区域思想提出的一套从数据中发现模式和规则的严密的数学方法，擅长处理不精确、不一致、不完备和冗余数据的分类问题。其基本思想是在保持分类一致性不变的前提下，通过属性约简（或特征选择）来简化数据，从而建立粗糙集分类模型，最终导出分类规则。自诞生以来，其得到了许多科学家和科研人员的持续研究，理论体系日趋完善，尤其是在 20 世纪 80 年代末和 90 年代初，粗糙集理论在知识发现、数据挖掘、机器学习、模式识别、决策支持等领域的成功应用，越来越受到国际社会的广泛关注，已经成为一种从大量数据中挖掘潜在的、有价值的模式和规则的有效工具。

### 1.3.1　粗糙集分类模型

粗糙集理论利用已有知识库中的知识去近似刻画不精确和不确定的知识，建立粗糙集分类模型，从而发现隐含的知识，获取潜在的规律。经典粗糙集分类模型（也称为 Pawlak 模型）[28]通过等价关系粒化论域形成信息粒，再利用等价信息粒构造的近似算子去逼近目标类。因此，Pawlak 模型不适合处理有着丰富不确定性的现实数据，必须进行扩展。

根据 Pawlak 模型中的三个基本要素——二元关系、子集运算和目标集，可把扩展的粗糙集分类模型分成三大类：二元关系扩展模型（binary relationship extended model，BREM）、子集运算扩展模型（subset operation extended model，SOEM）和目标集扩展模型（target set extended model，TSEM）。

### 1.3.1.1　BREM 模型

BREM 模型扩展了 Pawlak 模型论域上的二元等价关系。分三种情况：第一种是将论域上的二元等价关系推广成为相似关系，得到基于相似关系的粗糙集分类模型；第二种是将二元等价关系推广成为优势关系，得到基于优势关系的粗糙集分类模型；第三种是将二元等价关系推广成为邻域关系，得到基于邻域关系的粗糙集分类模型。

目前，典型的 BREM 模型有容差粗糙集模型（tolerance rough set model，TRSM）、非对称容差粗糙集模型（unsymmetrical tolerance rough set model，UTRSM）、限制容差粗糙集模型（limited tolerance rough set model，LTRSM）、邻域粗糙集模型（neighborhood rough set model，NRSM）、模糊粗糙集模型（fuzzy rough set model，FRSM）、优势粗糙集模型（dominance rough set approach，DRSA）等，这些模型的描述见表 1-1。

表 1-1　典型的 BREM 模型

| 模型名称 | 扩展思路 | 模型评价 |
| --- | --- | --- |
| TRSM[30] | 把等价关系扩展为容差关系，认为空值可以是属性值域中的任何值 | TRSM 能够处理不完备的符号型数据，但容差关系会把一些没有任何属性值明确相等的对象划分在同一个容差类中 |
| UTRSM[31] | 把等价关系扩展为非对称容差关系，认为未知属性值是不存在的，不允许比较未知值 | UTRSM 能够处理不完备的符号型数据，但非对称容差关系会把一些有很多属性值明确相等的对象误判在不同的容差类中 |
| LTRSM[32] | 把等价关系扩展为限制容差关系，限制容差关系介于容差关系和非对称容差关系之间 | LTRSM 能够处理不完备的符号型数据，它限定属于同一容差类的两个对象至少要有一个属性值明确相等，但在对象包含较多属性的情形下，这种关系仍过于宽松 |
| NRSM[33] | 把等价关系扩展为邻域关系 | NRSM 能够处理数值型数据，且不需要离散化处理，但邻域半径的选择很困难 |
| FRSM[34] | 把等价关系扩展为模糊等价关系，模糊等价关系要求生成模糊粒化结构的关系满足自反性、对称性、传递性 | FRSM 实现了用模糊集逼近目标集的推理方式，能够处理数值型数据，且不需要离散化处理；但在实际应用中，从数据中计算模糊等价关系并不是一个简单的任务，而且得出的模糊等价关系可能不符合数据的信息结构 |
| DRSA[35] | 把等价关系扩展为优势关系 | DRSA 能够处理偏好属性描述的分类问题，但抗干扰能力差 |

### 1.3.1.2 SOEM 模型

SOEM 模型是对 Pawlak 模型中的子集运算进行扩展而得到的新模型。典型的 SOEM 模型有变精度粗糙集模型（variable precision rough set model，VPRSM）、概率粗糙集模型（probabilistic rough set model，PRSM）、贝叶斯粗糙集模型（Bayesian rough set model，BRSM）等，这些模型的描述见表 1-2。

表 1-2　典型的 SOEM 模型

| 模型名称 | 扩展思路 | 模型评价 |
| --- | --- | --- |
| VPRSM[36] | 允许上近似和下近似存在一定的分类误差，这个误差由给定参数控制 | VPRSM 放松了对分类数据的限制，能够处理带噪声的完备数据，完善了近似空间的概念，有利于从认为不相关的数据中发现有价值的信息；但需要人为设定阈值参数 |
| PRSM[37] | 根据对象在其等价类描述下属于目标类的概率，判断对象是否属于上近似或下近似 | PRSM 是粗糙集理论和概率论相结合的扩展模型，能够处理不确定性和随机性数据描述的分类问题；但需要人为设定上近似阈值参数和下近似阈值参数 |
| BRSM[38] | 根据对象在其等价类描述下属于目标类的概率，判断对象是否属于上近似或下近似 | BRSM 是粗糙集理论和贝叶斯推理相结合的扩展模型，能够处理不确定性和随机性数据描述的分类问题；阈值参数取值于目标类的先验概率 |

### 1.3.1.3 TSEM 模型

TSEM 模型扩展了 Pawlak 模型中的被近似描述的经典集合。典型的 TSEM 模型有粗糙模糊集模型（rough fuzzy set model，RFSM）和变精度粗糙模糊集模型（variable precision rough fuzzy set model，VPRFSM）。这些模型的描述见表 1-3。

表 1-3　典型的 TSEM 模型

| 模型名称 | 扩展思路 | 模型评价 |
| --- | --- | --- |
| RFSM[39] | 把被近似的经典集合扩展为模糊集合 | RFSM 是在清晰近似空间中由模糊集的近似导出的粗糙集的一种扩展，输出类是模糊的。由于隶属函数多数是凭经验给出的，带有明显的主观性 |

表1-3（续）

| 模型名称 | 扩展思路 | 模型评价 |
|---|---|---|
| VPRFSM[40] | 把被近似的经典集合扩展为模糊集合，并引入参数扩展子集运算 | VPRFSM是粗糙集在输出类为模糊集合情况下的一种推广，它的近似空间是清晰的，决策属性值是模糊的；与RFSM不同的是，VPRFSM引入参数控制对象对上近似和下近似的隶属关系 |

### 1.3.2 特征选择算法

数据信息的丰富，不但体现在样本对象的规模上，还反映在样本属性的数量上，许多领域出现了维数高达几千甚至上万的数据。对于知识发现的某一特定任务而言，并不是所有属性都是必需的，也就是说有些属性是多余的。冗余属性的存在，会降低分类学习算法的计算效率，弱化所得模式和规则的适应能力。

特征选择（也称属性约简或维数约简）是知识发现十分重要的数据处理步骤，也是粗糙集理论研究的重要内容之一。它揭示了特征与特征之间、特征与分类决策之间的相关性，在保持原始数据分类能力不变的前提下，选择出最少的有价值的属性来表达原始的数据集。当前，特征选择受到了广泛的研究和关注，已经成为知识发现、机器学习和模式识别研究的一个热点[41-44]。

特征选择算法主要包括三方面内容：搜索策略、属性评估和停止准则。搜索策略指从候选特征中如何产生一个属性子集，可分为穷举法、随机法、启发式方法；属性评估是指对当前属性子集的评价，如采用分类质量评估属性等；停止准则是指当属性子集的评估指标值达到一定的条件就停止搜索，此时，找到了期望的特征子集，特征选择进程结束。当前，主流的特征选择算法可归纳为四大类：基于区分矩阵的特征选择算法（discernibility matrix based feature selection，DMFS）、基于正域的特征选择算法（positive region based feature selection，PRFS）、基于信息观的特征选择算法（information view based feature selection，IVFS）、基于粒计算的特征选择算法（granular computing based feature selection，GCFS）。

#### 1.3.2.1 DMFS算法

DMFS算法最初是波兰著名数学家Skowron等提出的[45]。该算法通过两两比较对象来填充一个区分矩阵，如果两个对象不可区分，就在矩阵对应的项中设置为空，否则设置为一个或多个区分属性，然后把构造好的区分矩阵化成区分函数的形式，通过简化得到的蕴含项就是所求的特征子集（或约简）。DMFS 算法及其典型的改进版本见表 1-4。

表 1-4　典型的 DMFS 算法

| 作者 | 主要贡献 |
| --- | --- |
| Skowron 等[45] | 首次提出区分矩阵的概念，并成功用于属性约简；该算法适用于相容决策表 |
| Kryszkiewicz[46] | 改进了区分矩阵，提出广义区分矩阵，可对不完备数据进行属性约简 |
| Yao 等[47] | 提出了最小区分矩阵的概念，并定义了相应的矩阵简化操作，可把区分矩阵转化成最小区分矩阵的形式，从而可以方便地得到约简 |
| Leung 等[48] | 提出了最大一致块的概念，把最大一致块看作基本单元来构造区分矩阵，提高了属性约简的效率 |
| Deng 等[49] | 提出了简化区分矩阵，基于简化区分矩阵的属性约简可提升计算效率 |
| Starzyk 等[50] | 提出了强等价的概念，利用强等价简化区分函数，提高了属性约简的效率 |

利用 DMFS 算法可以求出所有约简，时间复杂度一般不低于 $O(|C|^2|U|^2)$，其中 $|C|$ 表示属性个数，$|U|$ 表示样本个数。当数据量很大时，区分矩阵中存在大量重复的元素，使得简化区分函数的效率急剧下降。因此，DMFS 算法只适合于小型数据集。

### 1.3.2.2　PRFS 算法

PRFS 算法是一种启发式算法，它把属性的增加或减少引起的正域变化作为属性重要度，通过计算属性子集决定的正域与原系统正域是否相等来达到属性约简的目的。典型的 PRFS 算法见表 1-5。

表 1-5　典型的 PRFS 算法

| 作者 | 主要贡献 |
| --- | --- |
| Chouchoulas 等[51] | 提出了快速约简算法（quick reduct algorithm）——一种经典的 PRFS 算法，很多算法[52-54]都是基于它改进的 |
| Meng 等[55] | 提出了快速 PRFS 算法，该算法采用分解和排序技术计算正域，可提高特征选择的效率 |

表1-5(续)

| 作者 | 主要贡献 |
|---|---|
| Qian 等[56] | 基于一系列正域在逐渐减小的论域上逼近目标类的思想,构建了加速器,该加速器能够整合到已有的启发式特征选择算法中,使得改进的版本有更好的计算效率 |

PRFS 算法需要高频率反复计算正域,因此计算正域的效率直接影响了属性约简的效率。目前,PRFS 算法的时间复杂度不低于 $O(|C|^2|U|\log|U|)$。

### 1.3.2.3  IVFS 算法

IVFS 算法也是一种启发式的特征选择算法。它采用信息观的知识来度量属性重要度,然后按照属性重要度依次增加属性,直到新的属性集和原有的属性集有相同的分类能力。典型的 IVFS 算法见表1-6。

表 1-6  典型的 IVFS 算法

| 作者 | 主要贡献 |
|---|---|
| 苗夺谦等[57] | 提出了基于互信息的 MIBARK 算法。该算法把决策属性与条件属性之间的互信息变化量作为启发信息,可以减少搜索空间,在大多数情况下可以得到最小约简,但算法的完备性没有理论支持 |
| 王国胤等[58] | 提出了基于条件熵的 CEBARKCC 和 CEBARKNC 算法。算法基于决策属性集相对条件属性集的条件熵,以条件熵的大小度量条件属性对于决策属性的参考重要度,作为启发信息。CEBARKCC 和 CEBARKNC 算法在多数情况下能得到最小约简 |
| Qian 等[59] | 提出了基于组合熵的属性约简算法。该算法采用组合熵和组合粒度之间的互补关系来度量属性重要度以及信息的不确定性 |
| Slezak[60] | 提出了基于近似熵的属性约简算法。该算法基于近似熵约简原则(AERP),利用近似熵的大小来度量属性重要度 |
| Sun 等[61] | 提出了基于粗糙熵的属性约简算法。该算法采用粗糙熵来度量知识的粗糙度与精确度,粗糙熵的大小作为属性重要度 |

各种 IVFS 算法的主要区别在于选择了不同的信息理论来度量属性重要度,它们的时间复杂度一般都不低于 $O(|C|^2|U|\log|U|)$。

### 1.3.2.4  GCFS 算法

GCFS 算法以粒计算为基础,利用粗糙集中的等价关系来构建粒,然后采用粒表示、粒子之间的运算规则等建立属性约简算法。典型的 GCFS 算法见表1-7。

表 1-7　典型的 GCFS 算法

| 作者 | 主要贡献 |
|---|---|
| Hu 等[62] | 使用位图技术来编码等价粒子，提出了基于粒计算的属性约简算法。该算法把集合操作转化成逻辑运算，改善了算法性能，减少了计算时间 |
| Zhong 等[63] | 定义了粒计算的"AND"操作，建立了粒矩阵，提出了基于粒矩阵的属性约简算法 |
| Xie 等[64] | 把区分矩阵的不同列组合看作不同粒度级别，提出了基于粒计算的区分矩阵属性简约算法，该算法可得到最小属性约简 |
| Tan 等[65] | 提出了基于粒分布的启发函数，属性约简算法把启发函数作为属性重要度度量，在大多数情况下都能快速找到最小约简 |

GCFS 算法的时间复杂度一般为 $O(|C|^2|U|^2)$。

### 1.3.3　粗糙集理论应用

粗糙集理论有着广泛的应用前景。在信息科学领域，粗糙集理论在近似推理、决策支持、模式识别、人工智能和知识发现等方面取得了很大进展，尤其在知识发现的应用中取得了丰硕的成果，粗糙集方法逐渐成为知识发现的主流方法之一[66]。国际上研制出了很多基于粗糙集理论的知识发现实用系统，其中最有代表性的有：Rough Enough、KDD-R、ROSE、LERS 等。

#### 1.3.3.1　Rough Enough

Rough Enough 是挪威 Troll Data Inc. 公司开发的基于粗糙集理论的数据挖掘工具，已经升级到 4.0 版本。Rough Enough 系统可分为预处理、生成区分矩阵、集合近似、约简、生成规则、预测分析等阶段，支持电子数据表格和数据库，还提供了用户直接访问 SQL 和 QBE 等功能。

#### 1.3.3.2　KDD-R

KDD-R[67] 是加拿大 Regina 大学研制开发的基于粗糙集理论的 KDD 系统。KDD-R 实现了可变精度模型，分为数据预处理、属性依赖分析和属性约简、规则提取和决策四个部分。KDD-R 主要用于医学数据分析、电信市场研究等领域。

#### 1.3.3.3　ROSE

ROSE（rough set data explorer）[68] 是波兰 Poznan 科技大学智能决策支持系统实验室开发的基于粗糙集理论的决策分析系统。它是一个模块化的软件系统，实现了 Pawlak 模型和可变精度模型，主要包括 Rough DAS 和 Rough Class，前者用于数据分析，后者用于对象分类。ROSE 已经广泛地应用于实际领域中。

#### 1.3.3.4 LERS

LERS（learning from examples based on rough set）[69]是美国 Kansas 大学开发的基于粗糙集理论的实例学习系统。LERS 从实例中提取规则，可帮助专家系统建立知识库，是开发专家系统的有力工具，已经在 NASA 的 Johnson 空间中心应用了多年。此外，LERS 在气候变化研究以及医疗诊断研究方面都有广泛的应用。

粗糙集理论除了在信息科学领域的应用外，还遍及工业控制、医疗诊断、故障分析、决策分析、地震预报、图像处理、电力系统、航空航天、军事等多个实际领域，如聚合反应温度控制[70]、制造工艺质量控制[71]、医疗图像处理[72]、脑胶质神经瘤恶化程度分析[73]、飞机发动机故障分析[74]、电力变压器故障分析[75]、航空控制[76]、遥感数据处理[77]、航电系统灰色关联评估[78]等。

### 1.3.4 粗糙集分类的困难与挑战

基于粗糙集理论的分类方法由数据预处理、分类建模和模型校验三个阶段组成。数据预处理主要完成属性约简任务，这使得分类学习算法聚焦到那些富含分类信息的特征上；分类建模则从这些特征中抽取分类知识；模型校验对学习到的模型进行可靠性校核。对粗糙集分类方法的研究，主要集中在属性约简和分类建模上。当前面临的主要问题有：

#### 1.3.4.1 粗糙集分类模型的扩展问题

知识发现就是要从随机的、不完备的和不一致的信息中提炼一般规律。随机性、不完备性和不一致性使得数据变得纷繁复杂，从而干扰分类学习算法、影响分类建模精度和泛化能力。面对众多纷繁复杂的数据，如何进一步扩展分类模型以适应客观实际的需要，是一个不断探索的问题。

#### 1.3.4.2 属性约简算法效率问题

属性约简是粗糙集分类模型应用于知识发现的前提，没有经过属性约简而得到的知识和规则是没有实用价值的。属性约简算法面对维数高、容量巨大的数据集时，计算上近似、下近似和约简的复杂度很高，导致其效率很低，这限制了粗糙集分类方法在实际问题中的进一步应用。许多学者为提高属性约简算法效率做了大量研究工作，但还没有找到非常有效的解决方法。因此，研究高效可行的属性约简算法是粗糙集分类方法面临的重要课题。

### 1.3.4.3　知识的不确定性度量问题

信息系统的不确定性通常表现为随机性、模糊性和粗糙性。随机性指随机现象的不确定，模糊性指模糊概念的不确定，粗糙性指信息系统中知识和概念的不确定性。粗糙集理论定义了很多有关不确定性的度量指标，如近似精度、粗糙度、粗糙隶属函数、近似分类精度、近似分类质量等，在处理不确定性问题上有一定的优势，但只有和概率论、证据理论等其他处理不确定问题的工具结合起来，才能更好地发挥其互补性。寻求更合适的度量来刻画知识的不确定性，是粗糙集理论研究的一个重要方向。

### 1.3.4.4　粗糙集分类方法的应用推广问题

粗糙集分类方法有广泛的应用领域，如医疗诊断、模式识别、金融数据分析、企业风险预警、企业决策分析等，但用于军事领域的战场指挥决策支持却不多见。复杂的战场态势要求相关的数据处理算法具有高效准确的特点，因此，把粗糙集分类方法推广到战场态势评估领域，对粗糙集分类方法本身来说，也是一种挑战。

## 1.4　研究内容

本书研究了基于粗糙集理论的数据分类模型和特征选择算法。主要内容包括：

（1）研究了不完备数据的分类问题，提出了正向宏近似分类模型及其特征选择算法。不完备数据的分类问题是粗糙集理论的一个重要研究方向。现有的模型几乎都是微近似模型。本书从宏观的角度研究了正向序列下不一致块集之间的关联关系及其优化算法，提出了正向宏近似分类模型——该模型能够快速计算出一系列不同属性集下的边界。研究了边界度量的属性重要度和边界评估的约简准则，提出了基于正向宏近似分类模型的特征选择算法。实验表明，该算法比现有的其他算法具有更好的计算效率。

（2）研究了数值型和符号型数据的分类问题，提出了邻域划分分类模型及其特征选择算法。本书从决策分布的角度定义了邻域划分的概念，并采用邻域划分来描述分类模型，从而提出了邻域划分分类模型——该模型具有形式简洁、计算效率高等特点。研究了计算邻域的不平衡二叉树模型以及属性评估的邻域正域确定度方法，提出了基于邻域划分分类模型的特征选择算法。实验表明，该算法不但运行时间耗费少，而且分类精度高。

（3）研究了偏好型数据的分类问题，提出了强化一致优势分类模型及其特征选择算法。偏好型数据的分类问题是粗糙集理论研究的一个重要课题。本书研究了干扰情况下的对象分类策略，提出了强化一致优势分类模型——该模型能有效地消除噪声对分类的影响，具有很强的鲁棒性。研究了知识不确定性的度量问题，提出了基于组合粗糙熵的特征选择算法。实例表明，组合粗糙熵能够快速地启发算法找到约简。

（4）研究了符号型、数值型、偏好型数据共存的分类问题，提出了混合数据分类模型，并应用于面向统一场的态势评估系统中。研究混合数据的分类模型，对于知识发现的理论研究以及许多领域的应用需求都具有重要的价值。本书提出了混合数据分类模型，该模型是强化一致优势分类模型的扩展，它把单一的优势关系扩展成容差关系、邻域关系、优势关系共存的混合二元关系。混合数据分类模型应用到态势评估系统的威胁评估中，分析出了决定威胁等级判定的关键因素，并获得了威胁等级决策规则。

（5）以粗糙集分类模型为中心，设计了一个面向模型扩展的威胁评估系统。该系统包括数据层、数据预处理层、算法层和分类模型层。分类模型层提供了分类模型统一的访问接口，用来支持算法的实现；算法层根据配置参数，调用适当的分类模型函数，可完成不同模型下的分类任务。这种设计使得系统具有灵活性、可扩充性和复用性等优点。

本书的研究内容及其关系如图 1-6 所示。

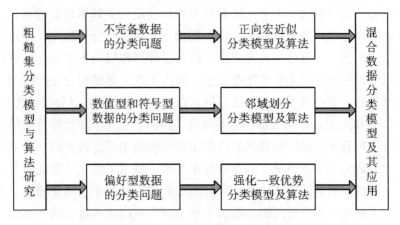

图1-6 本书的研究内容及其关系

综合研究内容和工作，本书有以下三个创新点：

（1）提出了正向宏近似分类模型（P-MARS）及其特征选择算法（PMFS）。P-MARS 模型把整个决策类集作为一个整体进行近似计算，从宏观的角度描述了决策类集的上、下近似，是一种能够快速求解一系列不同属性子集下系统近似的机制。PMFS 算法采用 P-MARS 模型高效产生的边界来度量属性重要度和评估特征子集，具有比现有算法更好的时间效率。

（2）提出了邻域划分分类模型（NPDM）及其特征选择算法（NPFS）。NPDM 采用邻域划分来描述分类模型，是对邻域决策粗糙集模型的改进和提升。NPFS 算法采用不平衡二叉树模型来计算邻域，提高了算法的时间效率；采用邻域正域确定度来评估属性，提高了算法的分类精度。

（3）提出了强化一致优势分类模型（EC-DRSA）及其特征选择算法（CREAR）。EC-DRSA 模型按照强化一致优势原则建立了对象分类策略，具有很强的鲁棒性。CREAR 算法采用组合粗糙熵度量属性重要度，综合考虑了偏好决策系统的知识不确定性和目标决策类集的不确定性，能够快速找到约简。

## 1.5　本书结构

　　本书围绕不同类型数据的分类问题进行了深入研究，内容共分 6 章：第 1 章主要介绍了本书研究背景，阐述了知识发现和数据挖掘的产生背景，以及分类技术和粗糙集理论的研究现状，明确了研究工作面临的问题和挑战；第 2 章研究了不完备数据的分类模型和特征选择算法；第 3 章研究了数值型和符号型数据的分类模型和特征选择算法；第 4 章研究了偏好型数据的分类模型和特征选择算法；第 5 章研究了混合数据的分类模型，并应用于态势评估系统中；第 6 章对本书的工作进行了总结，并对进一步研究提出了建议。

# 2 正向宏近似分类模型

## 2.1 引论

Pawlak 模型建立在不可分辨关系的基础上，只适用于完备的离散数据。然而在现实世界中，由于各种各样的原因（如测量误差、获取限制等），信息系统中某些数据常常缺失。数据的不完备性增加了分类学习的不确定性，如何针对不完备数据建立有效的分类模型和特征选择算法，是粗糙集理论发展与推广所面临的一个至关重要的课题。

目前，有两种解决方案。一种方案是在使用 Pawlak 模型之前，把不完备数据转化成完备数据，如删除带未知值的数据记录[79]，用确定值填充未知值[80-81]，给未知值分配所有可能的确定值[82-83] 等。然而，正如 Meng 等[55]指出的那样，预处理技术会在一定程度上改变系统的原始信息结构，增加导出模式的不确定性。另一种方案采用 Pawlak 模型的扩展模型来处理不完备数据，是一种更可靠、更有效的方法，具有以下优点：①不改变系统的原始信息结构；②建立的分类模型不受未知值影响；③获得的规则和模式具有较好的可理解性和泛化能力。研究人员针对未知值的不同情况，提出了容差粗糙集模型 TRSM[30]、非对称容差粗糙集模型 UTRSM[31]、限制容差粗糙集模型 LTRSM[32]、量化容差粗糙集模型 QTRSM[84] 等。其中，TRSM 模型是最流行的，基于 TRSM 模型的特征选择算法研究最为广泛[46,55-56,61,85-93]。

TRSM 模型把决策系统表示成多个单目标概念的集合，然后分别对每个单目标概念进行近似处理，从而实现对系统的近似。这种从微观的角度对系统进行近似处理的模型，可称为微近似模型，Pawlak 模型及其现有的扩展模型都属于微近似模型。遗憾的是，现有的相关文献还没有从宏观的角度对系统进行近似的研究。相对于微近似模型，本章从宏观整体的角度，把系统目标概念集看作一个不可分割的整体进行近似处理，提出了基于容差关系的宏近似分类模型（macroscopic approximation rough set model，MARS），进而提出了正向宏近似分类模型（positive macroscopic approximation rough set model，P-MARS）及其特征选择算法。

本章的其他部分是这样组织的：2.2 节介绍了 TRSM 模型；2.3 节提出了 MARS 模型；2.4 节提出了 P-MARS 模型；2.5 节提出了基于 P-MARS 模型的特征选择算法 PMFS；2.6 节给出了 PMFS 算法的实验分析与结论；2.7 节是本章小结。

## 2.2　TRSM 模型

【定义 2-1】给定一个不完备决策系统 $IDS = (U, C \cup D)$。其中 $U$ 称为论域，是一个非空有限的对象集合；$C$ 是条件属性集；$D$ 是决策属性集。信息函数 $f$: $U \times C \cup D \to V$，$V$ 是值域且 $V = V_C \cup V_D$。其中 $V_C = \{f(u, a) \mid u \in U, a \in C\} \cup \{*\}$（"$*$"表示未知值）和 $V_D = \{f(u, d) \mid u \in U, d \in D\}$ 分别表示 $C$ 和 $D$ 的值域。在下文中，我们只讨论系统包含一个决策属性的情况，即 $D = \{d\}$。

【定义 2-2】给定 $IDS = (U, C \cup D)$，对于任一条件属性子集 $P \subseteq C$，$P$ 决定了一个二元关系，可定义为

$$SIM(P) = \{(u, v) \in U \times U \mid \forall a \in P, f(u, a)$$
$$= f(v, a) \vee f(u, a) = * \vee f(v, a) = *\} \tag{2-1}$$

称 $SIM(P)$ 为容差关系（tolerance relation）。易证 $SIM(P)$ 是自反的和对称的。

在容差关系下，论域可被分成许多块，可表示为 $\pi_P = \{X \mid X \in U/SIM(P)\}$。其中，$X$ 称为属性子集 $P$ 下的容差块，$\pi_P$ 是属性子集 $P$ 下的容差块集，称为近似空间。容差块描述了在属性子集 $P$ 下彼此可能不可分辨的对象的集合。如果不存在另一个容差块 $Y$，使得 $X \subset Y$，那么 $X$ 称为极大容差块[48]。

对于任意对象 $u \in U$，$SIM(P)$ 决定了 $u$ 的一个容差类 $S_P(u)$，$S_P(u) = \{v \in U \mid (u, v) \in SIM(P)\}$，表示在属性子集 $P$ 下对 $u$ 可能不可分辨的

对象的集合。容差类和极大容差块之间存在如下关系[48]：

$$S_P(u) = \bigcup_{X \in \pi_{mP}(u)} X \qquad (2-2)$$

其中，$\pi_{mP}(u)$ 表示包含对象 $u$ 的极大容差块集。根据式（2-2），容易得到式（2-3）。

$$S_P(u) = \bigcup_{X \in \pi_P(u)} X \qquad (2-3)$$

其中，$\pi_P(u)$ 表示包含对象 $u$ 的容差块集。

【定义2-3】给定 IDS = $(U, C \cup D)$，$D$ 决定了论域 $U$ 的一个划分 $\pi_D$，$\pi_D = \{D_i \mid i = 1, 2, \cdots, j\}$，称 $\pi_D$ 为决策类集，$D_i$ 为决策类。$D_i$ 被看作目标概念，被两个精确概念近似，分别称为 $D_i$ 的下近似（low approximation）和上近似（upper approximation），可定义为

$$\underline{P}(D_i) = \{u \in U \mid S_P(u) \subseteq D_i\} \qquad (2-4)$$

$$\bar{P}(D_i) = \{u \in U \mid S_P(u) \cap D_i \neq \varnothing\} \qquad (2-5)$$

$D_i$ 的下近似 $\underline{P}(D_i)$ 表示包含于 $D_i$ 最大可定义的集合，而 $D_i$ 的上近似 $\bar{P}(D_i)$ 表示包含 $D_i$ 最小可定义的集合。如果 $\underline{P}(D_i) = \bar{P}(D_i)$，那么称 $D_i$ 为精确集，否则为粗糙集。

【定义2-4】给定 IDS = $(U, C \cup D)$，$P \subseteq C$，$\pi_D = \{D_i \mid i = 1, 2, \cdots, j\}$，$D_i$ 的下近似和上近似把论域 $U$ 划分成两个互不相交的区域，即正域（positive region）和边界（boundary region），分别定义为

$$\mathrm{POS}_P(\pi_D) = \bigcup_{i=1}^{j} \underline{P}(D_i) \qquad (2-6)$$

$$\mathrm{BND}_P(\pi_D) = \bigcup_{i=1}^{j} (\bar{P}(D_i) - \underline{P}(D_i)) \qquad (2-7)$$

正域 $\mathrm{POS}_P(\pi_D)$ 表示在属性子集 $P$ 下肯定能划分到目标概念的对象的集合，边界 $\mathrm{BND}_P(\pi_D)$ 表示在属性子集 $P$ 下不能划分到目标概念的对象的集合。显然，

$$\mathrm{POS}_P(\pi_D) \cup \mathrm{BND}_P(\pi_D) = U \qquad (2-8)$$

$$\mathrm{POS}_P(\pi_D) \cap \mathrm{BND}_P(\pi_D) = \varnothing \qquad (2-9)$$

如果 $\mathrm{BND}_P(\pi_D) = \varnothing$ 或 $\mathrm{POS}_P(\pi_D) = U$，称 IDS 是一致的，否则是不一致的。

## 2.3 MARS 模型

近似是粗糙集理论的核心内容。粗糙集理论对决策系统的近似处理是通过上近似和下近似对单个目标概念的逼近来实现的。从宏观的角度看，如果我们把目标概念集看作一个超级目标概念（super target concept），被超级下近似（super low approximation）和超级上近似（super upper approximation）逼近，那么正域（或边界的补集）可充当超级下近似，论域可充当超级上近似。如果超级下近似等于超级上近似，那么决策系统是一致的或精确的，否则是不一致的或粗糙的。基于以上思路，提出采用边界近似目标概念集的宏近似分类模型（macroscopic approximation rough set model，MARS），简称 MARS 模型。

### 2.3.1 不一致容差块集

不一致容差块集是描述 MARS 模型的重要概念，下面给出了它的定义。

【定义 2-5】给定 IDS $= (U, C \cup D)$，$P \subseteq C$，$X \in \pi_P$。如果 $| \lambda(X) | > 1$，则称 $X$ 为不一致容差块（inconsistent tolerance block，IT-block）；否则称为一致容差块（consistent tolerance block，CT-block）。其中，$\lambda(X) = \{ f(u, d) | u \in X \}$，$d$ 是常量（IDS 唯一的决策属性），$| \lambda(X) |$ 是 $\lambda(X)$ 的基数。

IT-block 表示具有决策分歧的一组不可分辨对象的集合，CT-block 表示具有相同决策的一组不可分辨对象的集合。根据 IT-block 和 CT-block，可定义不一致容差块集和一致容差块集。

【定义 2-6】给定 IDS $= (U, C \cup D)$，$P \subseteq C$，$X \in \pi_P$。那么 $\pi_P$ 的不一致容差块集 $\pi_P^{\text{IT}}$ 和一致容差块集 $\pi_P^{\text{CT}}$ 可分别定义为

$$\pi_P^{\text{IT}} = \{ X \in \pi_P \mid | \lambda(X) | > 1 \} \tag{2-10}$$

$$\pi_P^{\text{CT}} = \{ X \in \pi_P \mid | \lambda(X) | = 1 \} \tag{2-11}$$

$\pi_P^{\text{IT}}$ 是 $\pi_P$ 中所有 IT-block 的集合，而 $\pi_P^{\text{CT}}$ 是 $\pi_P$ 中所有 CT-block 的集合。显然，$\pi_P^{\text{IT}} \cup \pi_P^{\text{CT}} = \pi_P$，$\pi_P^{\text{IT}} \cap \pi_P^{\text{CT}} = \{ \varnothing \}$。

### 2.3.2 构建 MARS 模型

MARS 模型的基本思想是采用边界来直接近似建立目标概念集。下面通过研究相关定理来建立 MARS 模型。

**【引理 2-1】** 给定 IDS $= (U, C \cup D)$，$P \subseteq C$，$X \in \pi_P^{CT}$，$\pi_D = \{D_i \mid i = 1, 2, \cdots, j\}$。那么必然存在一个决策类 $D_L \in \pi_D$，使得 $X \subseteq D_L$。

证明：由于 $X \in \pi_P^{CT}$，说明 $X$ 是 CT-block 且 $|\lambda(X)| = 1$，那么必然存在一个决策值 $d_L \in V_D$，使得 $\lambda(X) = \{d_L\}$。$d_L$ 对应于一个决策类 $D_L \in \pi_D$，该决策类是所有决策值为 $d_L$ 的对象的集合。因此，$X \subseteq D_L$。命题得证。

引理 2-1 表明，任何一个一致容差块必定是某个决策类的子集。

**【引理 2-2】** 给定 IDS $= (U, C \cup D)$，$P \subseteq C$，$u \in \mathrm{BND}_P(\pi_D)$。那么必然至少存在一个不一致容差块 $X$，使得 $u \in X$。

证明：采用反证法。假设不存在一个不一致容差块 $X$，使得 $u \in X$，这说明包含 $u$ 的容差块都是一致的，即对于任何 $X \in \pi_P(u)$，有 $X \in \pi_P^{CT}$。根据引理 2-1，必然存在一个决策类 $D_L \in \pi_D$，使得 $X \subseteq D_L$，从而 $\bigcup\limits_{X \in \pi_P(u)} X \subseteq D_L$。又由式（2-3）可知，$S_P(u) = \bigcup\limits_{X \in \pi_P(u)} X$，得 $S_P(u) \subseteq D_L$。这意味着 $u \in \mathrm{POS}_P(\pi_D)$，与条件 $u \in \mathrm{BND}_P(\pi_D)$ 产生矛盾。因此，假设不成立，原命题得证。

引理 2-2 表明，边界对象必然包含在一个或多个不一致容差块内。

**【引理 2-3】** 给定 IDS $= (U, C \cup D)$，$P \subseteq C$，$X \in \pi_P$。如果存在某个决策类 $D_L \in \pi_D$，使得 $X \subseteq D_L$，那么 $X \in \pi_P^{CT}$。

证明：由 $D_L \in \pi_D$ 可得，必定存在一个决策值 $d_L$，使得 $\lambda(D_L) = \{d_L\}$。这表明对于任意 $u \in D_L$，有 $f(u, d) = d_L$。由于 $X \subseteq D_L$，从而对于任意 $v \in X$，有 $f(v, d) = d_L$。这意味着 $|\lambda(X)| = 1$，可知 $X \in \pi_P^{CT}$，命题得证。

引理 2-3 表明，决策类的任何子集都是一致容差块。

**【引理 2-4】** 给定 IDS $= (U, C \cup D)$，$P \subseteq C$，$X \in \pi_P^{IT}$。那么不存在一个决策类 $D_L \in \pi_D$，使得 $X \subseteq D_L$。

证明：采用反证法。假设存在一个决策类 $D_L \in \pi_D$，使得 $X \subseteq D_L$。由引理 2-3 可知，$X \in \pi_P^{CT}$，这与条件 $X \in \pi_P^{IT}$ 产生矛盾。因此假设不成立，原命题得证。

引理 2-4 表明，不一致容差块不是任何决策类的子集。

【引理 2-5】给定 IDS $= (U, \ C \cup D)$，$P \subseteq C$，$X \in \pi_P^{\mathrm{IT}}$。那么 $X \subseteq$ $\mathrm{BND}_P(\pi_D)$。

证明：对于任何 $u \in X$，有 $S_P(u) = S_P'(u) \cup X$，其中 $S_P'(u) = \bigcup\limits_{X' \in \pi_P(u)} X'$。由于 $X \in \pi_P^{\mathrm{IT}}$，从引理 2-4 可知，对于任意决策类 $D_L \in \pi_D$，有 $X \not\subseteq D_L$，从而 $S_P(u) \not\subseteq D_L$（否则，如果 $S_P(u) \subseteq D_L$，有 $X \subseteq D_L$，得 $X \in \pi_P^{\mathrm{CT}}$，与 $X \in \pi_P^{\mathrm{IT}}$ 矛盾）。这说明对于任何 $u \in X$，有 $u \notin \mathrm{POS}_P(\pi_D)$。根据式（2-8）和式（2-9），可得 $u \in \mathrm{BND}_P(\pi_D)$，从而 $X \subseteq \mathrm{BND}_P(\pi_D)$，命题得证。

引理 2-5 表明，不一致容差块都是边界的子集。

【定理 2-1】给定 IDS $= (U, C \cup D)$，$P \subseteq C$。那么 $\mathrm{BND}_P(\pi_D) = \bigcup\limits_{X \in \pi_P^{\mathrm{IT}}} X$。

证明：对于任意 $u \in \mathrm{BND}_P(\pi_D)$，根据引理 2-2，必然存在至少一个不一致容差块 $X$，使得 $X \in \pi_P^{\mathrm{IT}}(u)$，从而 $\mathrm{BND}_P(\pi_D) \subseteq \bigcup\limits_{X \in \pi_P^{\mathrm{IT}}(u)} X \subseteq \bigcup\limits_{X \in \pi_P^{\mathrm{IT}}} X$，即 $\mathrm{BND}_P(\pi_D) \subseteq \bigcup\limits_{X \in \pi_P^{\mathrm{IT}}} X$。另一方面，对于任意 $X \in \pi_P^{\mathrm{IT}}$，根据引理 2-5，$X \subseteq \mathrm{BND}_P(\pi_D)$，从而 $\bigcup\limits_{X \in \pi_P^{\mathrm{IT}}} X \subseteq \mathrm{BND}_P(\pi_D)$。综上可得，$\mathrm{BND}_P(\pi_D) = \bigcup\limits_{X \in \pi_P^{\mathrm{IT}}} X$，证毕。

定理 2-1 揭示了边界与不一致容差块集之间的关系，即不一致容差块集是边界的一个覆盖。根据定理 2-1，MARS 模型定义如下：

【定义 2-7】给定 IDS $= (U, \ C \cup D)$，$P \subseteq C$，$\pi_D$ 是决策类集。那么 $\pi_D$ 的下近似 $\underline{P}(\pi_D)$ 和上近似 $\overline{P}(\pi_D)$ 分别定义为

$$\underline{P}(\pi_D) = U - \bigcup\limits_{X \in \pi_P^{\mathrm{IT}}} X \qquad (2\text{-}12)$$

$$\overline{P}(\pi_D) = U \qquad (2\text{-}13)$$

$\pi_D$ 的正域和边界分别定义为

$$\mathrm{POS}_P(\pi_D) = \underline{P}(\pi_D) = U - \bigcup\limits_{X \in \pi_P^{\mathrm{IT}}} X \qquad (2\text{-}14)$$

$$\mathrm{BND}_P(\pi_D) = \overline{P}(\pi_D) - \underline{P}(\pi_D) = \bigcup\limits_{X \in \pi_P^{\mathrm{IT}}} X \qquad (2\text{-}15)$$

MARS 模型把整个决策类集作为一个整体进行近似处理，从宏观的角度定义了决策类集的上、下近似。由于上近似是常量，下近似等于边界的补集，MARS 模型实质上是用边界来直接对整个决策类集做近似处理。因此，MARS 模型也称为边界近似模型。由于不一致容差块是组成近似空间

的基本单元，边界很容易得到，这使得 MARS 模型具有很高的计算效率。

## 2.4 P-MARS 模型

MARS 模型讨论了在单个属性子集下目标概念集的宏近似问题，本节针对一系列属性子集的情况，提出正向宏近似分类模型（positive macroscopic approximation rough set model，P-MARS），简称 P-MARS 模型。

### 2.4.1 分解算子

【定义 2-8】给定 $\text{IDS} = (U, C \cup D)$，$P \subseteq C$，$a \in C - P$，$X \in \pi_P$。那么 $X$ 在分解算子 $\theta_a$ 下计算得到的子块集可定义为

$$\theta_a(X) = \{\{u \in X \mid f(u, a) = b \lor f(u, a) = * \} \mid b \in V_a\}$$

(2-16)

根据容差块的一致性，$\theta_a(X)$ 可分为一致容差块集和不一致容差块集，分别定义为

$$\theta_a^{\text{CT}}(X) = \{Y \in \theta_a(X) \mid \mid \lambda(Y) \mid = 1\} \tag{2-17}$$

$$\theta_a^{\text{IT}}(X) = \{Y \in \theta_a(X) \mid \mid \lambda(Y) \mid > 1\} \tag{2-18}$$

显然，$\theta_a^{\text{CT}}(X) \cup \theta_a^{\text{IT}}(X) = \theta_a(X)$，$\theta_a^{\text{CT}}(X) \cap \theta_a^{\text{IT}}(X) = \{\varnothing\}$。

【性质 2-1】给定 $\text{IDS} = (U, C \cup D)$，$P \subseteq C$，$a \in C - P$，$X \in \pi_P$。那么 $\bigcup\limits_{Y \in \theta_a(X)} Y = X$。

证明：$\theta_a(X) = \{\{u \in X \mid f(u, a) = b \lor f(u, a) = * \} \mid b \in V_a\} = X \cap (U/\text{SIM}(\{a\}))$。设 $U/\text{SIM}(\{a\}) = \{Y_1, Y_2, \cdots, Y_m\}$，则 $\bigcup\limits_{i=1}^{m} Y_i = U$。于是 $\bigcup\limits_{Y \in \theta_a(X)} Y = \bigcup\limits_{Y \in X \cap (U/\text{SIM}(\{a\}))} Y = \bigcup\limits_{i=1}^{m} X \cap Y_i = X \cap \bigcup\limits_{i=1}^{m} Y_i = X \cap U = X$。从而，$\bigcup\limits_{Y \in \theta_a(X)} Y = X$，命题得证。

一般地，对于任意 $Y, Z \in \theta_a(X)$，不能保证 $Y \cap Z = \varnothing$ 总成立。因此，由分解算子 $\theta_a$ 得到的子块集是 $X$ 的一个覆盖，而不是一个划分。

【性质 2-2】给定 $\text{IDS} = (U, C \cup D)$，$P \subseteq C$，$a \in C - P$，$X \in \pi_P$。那么对于任意 $Y \in \theta_a(X)$，有 $Y \subseteq X$。

证明：$\bigcup\limits_{Y \in \theta_a(X)} Y \supseteq Y$，根据性质 2-1，有 $Y \subseteq X$。证毕。

性质 2-2 表明，由分解算子 $\theta_a$ 得到的任何容差块都是 $X$ 的一个子集。

【性质 2-3】给定 IDS $= (U,\ C \cup D)$，$P \subseteq C$，$a \in C - P$，$X \in \pi_P^{\mathrm{CT}}$。那么

（1）$Y \in \theta_a^{\mathrm{CT}}(X)$，对于任何 $Y \in \theta_a(X)$；

（2）$\theta_a^{\mathrm{CT}}(X) = \theta_a(X)$；

（3）$\theta_a^{\mathrm{IT}}(X) = \{\varnothing\}$。

证明：

（1）由于 $X \in \pi_P^{\mathrm{CT}}$，得 $| \lambda(X) | = 1$。假定 $\lambda(X) = \{d_L\}$（$d_L \in V_D$），那么对于任意 $u \in X$，$f(u,\ d) = d_L$。$Y \in \theta_a(X)$ 意味着 $Y \subseteq X$，从而对于任意 $v \in Y$，有 $v \in X$，且 $f(v,\ d) = d_L$。因此，$\lambda(Y) = \{d_L\}$ 且 $| \lambda(Y) | = 1$。这表明，$Y \in \theta_a^{\mathrm{CT}}(X)$。

（2）对于任何 $Y \in \theta_a(X)$，有 $| \lambda(Y) | = 1$。从而，$\theta_a^{\mathrm{CT}}(X) = \{Y \in \theta_a(X) \mid | \lambda(Y) | = 1\} = \theta_a(X)$。因此，$\theta_a^{\mathrm{CT}}(X) = \theta_a(X)$。

（3）对于任何 $Y \in \theta_a(X)$，有 $| \lambda(Y) | = 1$。从而，$\theta_a^{\mathrm{IT}}(X) = \{Y \in \theta_a(X) \mid | \lambda(Y) | > 1\} = \{\varnothing\}$。因此，$\theta_a^{\mathrm{IT}}(X) = \{\varnothing\}$。证毕。

性质 2-3 表明，一致容差块的任何子块都是一致的。

【定义 2-9】给定 IDS $= (U,\ C \cup D)$，$P \subseteq C$，$a \in C - P$，$W \subseteq \pi_P$。那么 $W$ 在分解算子 $\omega_a$ 下计算得到的子块集可定义为

$$\omega_a(W) = \{\theta_a(X) \mid X \in W\} \tag{2-19}$$

根据容差块的一致性，$\omega_a(W)$ 可分为一致容差块集和不一致容差块集，分别定义为

$$\omega_a^{\mathrm{CT}}(W) = \{Y \in \omega_a(W) \mid | \lambda(Y) | = 1\} \tag{2-20}$$

$$\omega_a^{\mathrm{IT}}(W) = \{Y \in \omega_a(W) \mid | \lambda(Y) | > 1\} \tag{2-21}$$

显然，$\omega_a^{\mathrm{CT}}(W) \cup \omega_a^{\mathrm{IT}}(W) = \omega_a(W)$，$\omega_a^{\mathrm{CT}}(W) \cap \omega_a^{\mathrm{IT}}(W) = \{\varnothing\}$。

【性质 2-4】给定 IDS $= (U,\ C \cup D)$，$P \subseteq C$，$a \in C - P$，$W \subseteq \pi_P^{\mathrm{CT}}$。那么

（1）$Y \in \omega_a^{\mathrm{CT}}(W)$，对于任何 $Y \in \omega_a(W)$；

（2）$\omega_a^{\mathrm{CT}}(W) = \omega_a(W)$；

（3）$\omega_a^{\mathrm{IT}}(W) = \{\varnothing\}$。

证明：

(1) 对于任何 $X \in W$，由于 $W \subseteq \pi_P^{\mathrm{CT}}$，则 $X \in \pi_P^{\mathrm{CT}}$。根据性质 2-3，任何 $Z \in \theta_a(X)$ 都是一致容差块，这意味着 $Y \in \omega_a(W)$ 也是一致容差块，即 $Y \in \omega_a^{\mathrm{CT}}(W)$。

(2) 对于任何 $Y \in \omega_a(W)$，有 $|\lambda(Y)| = 1$。从而，$\omega_a^{\mathrm{CT}}(W) = \{Y \in \omega_a(W) \mid |\lambda(Y)| = 1\} = \omega_a(W)$。因此，$\omega_a^{\mathrm{CT}}(W) = \omega_a(W)$。

(3) 对于任何 $Y \in \omega_a(W)$，有 $|\lambda(Y)| = 1$。从而，$\omega_a^{\mathrm{IT}}(W) = \{Y \in \omega_a(W) \mid |\lambda(Y)| > 1\} = \{\varnothing\}$。因此，$\omega_a^{\mathrm{IT}}(W) = \{\varnothing\}$。证毕。

【定理 2-2】给定 IDS $= (U, C \cup D)$，$P \subseteq C$，$a \in C - P$。那么 $\pi_{P \cup \{a\}}^{\mathrm{IT}} = \omega_a^{\mathrm{IT}}(\pi_P^{\mathrm{IT}})$。

证明：假定 $P = \{a_1, a_2, \cdots, a_t\}$，根据式（2-16）和式（2-19），有 $\pi_P = \omega_{a_t}(\cdots(\omega_{a_2}(\theta_{a_1}(U)))\cdots)$，$\pi_{P \cup \{a\}} = \omega_a(\omega_{a_t}(\cdots(\omega_{a_2}(\theta_{a_1}(U)))\cdots))$。于是，$\pi_{P \cup \{a\}} = \omega_a(\pi_P)$。

$$
\begin{aligned}
\pi_{P \cup \{a\}}^{\mathrm{IT}} &= \{X \in \pi_{P \cup \{a\}} \mid |\lambda(X)| > 1\} \\
&= \{X \in \omega_a(\pi_P) \mid |\lambda(X)| > 1\} \\
&= \{X \in \omega_a(\pi_P^{\mathrm{IT}} \cup \pi_P^{\mathrm{CT}}) \mid |\lambda(X)| > 1\} \\
&= \{X \in \omega_a(\pi_P^{\mathrm{IT}}) \cup \omega_a(\pi_P^{\mathrm{CT}}) \mid |\lambda(X)| > 1\} \\
&= \{X \in \omega_a(\pi_P^{\mathrm{IT}}) \mid |\lambda(X)| > 1\} \cup \{X \in \omega_a(\pi_P^{\mathrm{CT}}) \mid |\lambda(X)| > 1\} \\
&= \omega_a^{\mathrm{IT}}(\pi_P^{\mathrm{IT}}) \cup \omega_a^{\mathrm{IT}}(\pi_P^{\mathrm{CT}})
\end{aligned}
$$

由性质 2-4 知，$\omega_a^{\mathrm{IT}}(\pi_P^{\mathrm{CT}}) = \{\varnothing\}$，于是 $\pi_{P \cup \{a\}}^{\mathrm{IT}} = \omega_a^{\mathrm{IT}}(\pi_P^{\mathrm{IT}}) \cup \omega_a^{\mathrm{IT}}(\pi_P^{\mathrm{CT}}) = \omega_a^{\mathrm{IT}}(\pi_P^{\mathrm{IT}})$。证毕。

定理 2-2 表明，新属性子集（由增加一个属性到当前属性子集得到）决定的不一致容差块集可通过对当前属性子集决定的不一致容差块集进行 $\omega_a$ 操作得到。

### 2.4.2　构建 P-MARS 模型

【定义 2-10】给定 IDS $= (U, C \cup D)$，$P \subseteq C$ 且 $P = \{a_1, a_2, \cdots, a_t\}$；$< c_1, c_2, \cdots, c_t >$ 是 $\{a_1, a_2, \cdots, a_t\}$ 的一个排列。设 $\vec{P}_1 = < c_1 >$，$\vec{P}_2 = < c_1, c_2 >$，$\cdots$，$\vec{P}_t = < c_1, c_2, \cdots, c_t >$，称 $\vec{P} = \{\vec{P}_1, \vec{P}_2, \cdots, \vec{P}_t\}$ 为排列 $< c_1, c_2, \cdots, c_t >$ 的正向序列；反之，若 $\overleftarrow{P}_t = < c_t, c_{t-1}, \cdots, c_1 >$，$\overleftarrow{P}_{t-1} = < c_{t-1}, \cdots, c_1 >$，$\cdots$，$\overleftarrow{P}_1 = < c_1 >$，则称 $\overleftarrow{P} = \{\overleftarrow{P}_t, \overleftarrow{P}_{t-1}, \cdots, \overleftarrow{P}_1\}$ 为

反向序列。

**【定义 2-11】** 给定 IDS $= (U, C \cup D)$，$P \subseteq C$ 且 $P = \{a_1, a_2, \cdots, a_t\}$；$< c_1, c_2, \cdots, c_t >$ 是 $\{a_1, a_2, \cdots, a_t\}$ 的一个排列，且 $\vec{P} = \{\vec{P_1}, \vec{P_2}, \cdots, \vec{P_t}\}$。那么在正向序列 $\vec{P}$ 下的 MARS 模型（即 P-MARS 模型）可定义为

$$\text{PM}(\vec{P}) = \langle \text{BND}_{\vec{P_1}}(\pi_D), \text{BND}_{\vec{P_2}}(\pi_D), \cdots, \text{BND}_{\vec{P_t}}(\pi_D) \rangle \quad (2\text{-}22)$$

其中，

$$\text{BND}_{\vec{P_i}}(\pi_D) = \bigcup_{X \in \pi_{\vec{P_i}}^{\text{IT}}} X, \ 1 \leqslant i \leqslant t \quad (2\text{-}23)$$

$$\pi_{\vec{P_i}}^{\text{IT}} = \omega_{c_i}^{\text{IT}}(\pi_{\vec{P}_{i-1}}^{\text{IT}}), \ \pi_{\vec{P_1}}^{\text{IT}} = \omega_{c_1}^{\text{IT}}(\{U\}) = \theta_{c_1}^{\text{IT}}(U) \quad (2\text{-}24)$$

$\text{PM}(\vec{P})$ 实际上是多个边界的序列，每个边界表示在一定属性子集下的系统近似。其原理如图 2-1 所示。

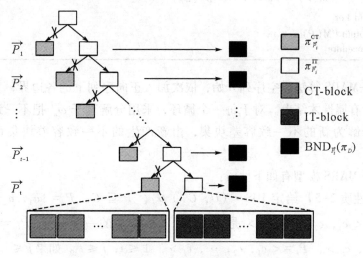

$\pi_{\vec{P_i}}^{\text{CT}}$
$\pi_{\vec{P_i}}^{\text{IT}}$
CT-block
IT-block
$\text{BND}_{\vec{P_i}}(\pi_D)$

**图 2-1　P-MARS 模型**

P-MARS 模型把 $\{U\}$ 看作不一致容差块集，根据正向序列，不断地分解不一致容差块集；同时，根据新产生的不一致容差块集得到边界。具体过程描述如表 2-1 所示。

表 2-1　P-MARS 算法

| |
|---|
| 输入<br>　　$U$　样本集，$U = \{u_1, u_2, \cdots, u_m\}$<br>　　$C$　条件属性集，$C = \{a_1, a_2, \cdots, a_n\}$<br>　　$D$　决策属性集，$D = \{d\}$<br>　　$\vec{P}$　正向序列，$\vec{P} = \{\vec{P}_1, \vec{P}_2, \cdots, \vec{P}_t\}$，$\vec{P}_i = <c_1, c_2, \cdots, c_i>$，$1 \leqslant i \leqslant t$<br>输出<br>　　$PM(\vec{P})$ 边界序列 |
| Procedure P-MARS $(U, C, D, \vec{P})$<br>　　$PM(\vec{P}) = \langle \varnothing \rangle$，$\vec{P}_0 = \varnothing$，$\pi_{\vec{P}_0}^{\mathrm{IT}} = \{U\}$<br>　　For $i = 1$ to $n$<br>　　　　$\vec{P}_i = \vec{P}_{i-1} + c_i$<br>　　　　$\pi_{\vec{P}_i}^{\mathrm{IT}} = \omega_{c_i}^{\mathrm{IT}}(\pi_{\vec{P}_{i-1}}^{\mathrm{IT}})$<br>　　　　$\mathrm{BND}_{\vec{P}_i}(\pi_D) = \cup\{X \in \pi_{\vec{P}_i}^{\mathrm{IT}}\}$<br>　　　　$PM(\vec{P}) = PM(\vec{P}) + \mathrm{BND}_{\vec{P}_i}(\pi_D)$<br>　　End For<br>　　Output $PM(\vec{P})$<br>End Procedure |

　　P-MARS 算法以空序列开始，依次加入正向序列下的各边界，直到遍历完所有属性才结束。对于每一个循环，采用分解算子 $\omega_a^{\mathrm{IT}}$ 把不一致容差块集分解为新的不一致容差块集，由新产生的不一致容差块集可得到边界。

　　P-MARS 模型有如下性质：

【性质 2-5】给定 $\mathrm{IDS} = (U, C \cup D)$，$P \subseteq C$，$P = \{a_1, a_2, \cdots, a_t\}$，$<c_1, c_2, \cdots, c_t>$ 是 $\{a_1, a_2, \cdots, a_t\}$ 的一个排列，$\vec{P}_i = <c_1, c_2, \cdots, c_i>$，$\vec{P}_j = <c_1, c_2, \cdots, c_j>$，$1 \leqslant i, j \leqslant t$。如果 $j \leqslant i$，那么 $\mathrm{BND}_{\vec{P}_i}(\pi_D) \subseteq \mathrm{BND}_{\vec{P}_j}(\pi_D)$。

　　证明：假定 $k = i - j$，那么 $\vec{P}_i = \vec{P}_j + <c_{j+1}, c_{j+2}, \cdots, c_{j+k}>$，有 $\pi_{\vec{P}_i}^{\mathrm{IT}} = \omega_{c_{j+k}}^{\mathrm{IT}}(\cdots(\omega_{c_{j+2}}^{\mathrm{IT}}(\omega_{c_{j+1}}^{\mathrm{IT}}(\pi_{\vec{P}_j}^{\mathrm{IT}})))\cdots)$。对于任何 $Y \in \omega_{c_{j+1}}^{\mathrm{IT}}(\pi_{\vec{P}_j}^{\mathrm{IT}})$，必然存在一个容差块 $Z \in \pi_{\vec{P}_j}^{\mathrm{IT}}$，使得 $Y \subseteq Z$，从而 $\cup\{Y \in \omega_{c_{j+1}}^{\mathrm{IT}}(\pi_{\vec{P}_j}^{\mathrm{IT}})\} \subseteq \cup\{Z \in \pi_{\vec{P}_j}^{\mathrm{IT}}\}$。于是，

$$BND_{\breve{P}_i}(\pi_D) = \cup\{X_i \in \pi_{\breve{P}_i}^{IT}\} = \cup\{X_i \in \omega_{c_{j+k}}^{IT}(\cdots(\omega_{c_{j+2}}^{IT}(\omega_{c_{j+1}}^{IT}(\pi_{\breve{P}_j}^{IT})))\cdots)\}$$

$$\subseteq \cup\{X_{i-1} \in \omega_{c_{j+k-1}}^{IT}(\cdots(\omega_{c_{j+2}}^{IT}(\omega_{c_{j+1}}^{IT}(\pi_{\breve{P}_j}^{IT})))\cdots)\}$$

$$\cdots$$

$$\subseteq \cup\{X_{j+1} \in \omega_{c_{j+1}}^{IT}(\pi_{\breve{P}_j}^{IT})\} \subseteq \cup\{X_j \in \pi_{\breve{P}_j}^{IT}\} = BND_{\breve{P}_j}(\pi_D)$$

因此，$BND_{\breve{P}_i}(\pi_D) \subseteq BND_{\breve{P}_j}(\pi_D)$，命题得证。

【性质 2-6】给定 IDS = $(U, C \cup D)$，$P \subseteq C$，$P = \{a_1, a_2, \cdots, a_t\}$，$<c_1, c_2, \cdots, c_t>$ 是 $\{a_1, a_2, \cdots, a_t\}$ 的一个排列，$\breve{P}_1 = <c_1>$，$\breve{P}_2 = <c_1, c_2>$，$\cdots$，$\breve{P}_t = <c_1, c_2, \cdots, c_t>$。那么 $BND_{\breve{P}_1}(\pi_D) \supseteq BND_{\breve{P}_2}(\pi_D) \supseteq \cdots \supseteq BND_{\breve{P}_t}(\pi_D)$。

证明：根据性质 2-5 直接可证。

性质 2-6 表明，$PM(\breve{P})$ 是一个逐渐减小的边界序列。当 $P = C$ 时，$t = n$，此时 $BND_{\breve{P}_t}(\pi_D)$ 最小，即在条件属性集 $C$ 下决策系统的边界（称为系统边界）最小。因此，P-MARS 模型详细描述了边界由大到小直到等于系统边界的演变过程，也就是说，对决策系统的近似，随着属性的增加，越来越逼近直到等于系统边界。

【性质 2-7】给定 IDS = $(U, C \cup D)$，$P \subseteq C$，$P = \{a_1, a_2, \cdots, a_t\}$；$<b_1, b_2, \cdots, b_t>$ 和 $<c_1, c_2, \cdots, c_t>$ 是 $\{a_1, a_2, \cdots, a_t\}$ 的任意两个排列，$\breve{P}^b = \{\breve{P}_1^b, \breve{P}_2^b, \cdots, \breve{P}_t^b\}$，其中 $\breve{P}_1^b = <b_1>$，$\breve{P}_2^b = <b_1, b_2>$，$\cdots$，$\breve{P}_t^b = <b_1, b_2, \cdots, b_t>$；$\breve{P}^c = \{\breve{P}_1^c, \breve{P}_2^c, \cdots, \breve{P}_t^c\}$，其中 $\breve{P}_1^c = <c_1>$，$\breve{P}_2^c = <c_1, c_2>$，$\cdots$，$\breve{P}_t^c = <c_1, c_2, \cdots, c_t>$。那么 $BND_{\breve{P}_t^b}(\pi_D) = BND_{\breve{P}_t^c}(\pi_D)$。

证明：
$$BND_{\breve{P}_t^b}(\pi_D) = \cup\{X \in \pi_{\breve{P}_t^b}^{IT}\}$$
$$= \cup\{X \in \pi_{<b_1, b_2, \cdots, b_t>}^{IT}\}$$
$$= \cup\{X \in \theta_{b_1}^{IT} \cap \theta_{b_2}^{IT} \cap \cdots \cap \theta_{b_t}^{IT} | |\lambda(X)| > 1\}$$
$$= \cup\{X \in \theta_{a_1}^{IT} \cap \theta_{a_2}^{IT} \cap \cdots \cap \theta_{a_t}^{IT} | |\lambda(X)| > 1\}$$
$$= \cup\{X \in \pi_{|a_1, a_2, \cdots, a_t|}^{IT}\}$$
$$= \cup\{X \in \pi_P^{IT}\}$$
$$= BND_P(\pi_D)$$

于是，$\text{BND}_{\vec{P}_l^b}(\pi_D) = \text{BND}_P(\pi_D)$。同理可得 $\text{BND}_{\vec{P}_l^c}(\pi_D) = \text{BND}_P(\pi_D)$。因此，$\text{BND}_{\vec{P}_l^b}(\pi_D) = \text{BND}_{\vec{P}_l^c}(\pi_D)$，命题得证。

性质 2-7 说明，P-MARS 模型具有"殊途同归"的特点，即对于某个给定的属性集，属性集的不同排列顺序会产生不同的正向序列，不同的正向序列可能会产生不同的边界序列，但最小边界或系统边界都相同。

### 2.4.3 P-MARS 模型示例

下面的例子阐述了 P-MARS 模型的工作过程。

【例 2-1】考虑一个关于汽车评估的不完备决策系统 IDS = ($U$, $C \cup D$)，如表 2-2 所示，其中，$U = \{u_1, u_2, u_3, u_4, u_5, u_6\}$，$C = \{a_1, a_2, a_3, a_4\}$，$D = \{d\}$。属性 $a_1$, $a_2$, $a_3$, $a_4$, $d$ 分别代表 Price, Mileage, Size, Max speed, Acceleration。

表 2-2　一个关于汽车评估的不完备决策系统

| Car | Price | Mileage | Size | Max speed | Acceleration |
|---|---|---|---|---|---|
| $u_1$ | High | High | Full | Low | Good |
| $u_2$ | * | * | Full | Low | Good |
| $u_3$ | * | * | Compact | Low | Poor |
| $u_4$ | Low | * | Full | High | Good |
| $u_5$ | * | * | Full | High | Excellent |
| $u_6$ | High | High | Full | * | Good |

假设 $P = \{a_1, a_2, a_3, a_4\}$，$\vec{P}^b = \{\vec{P}_1^b, \vec{P}_2^b, \vec{P}_3^b, \vec{P}_4^b\}$，其中 $\vec{P}_1^b = <a_1>$，$\vec{P}_2^b = <a_1, a_2>$，$\vec{P}_3^b = <a_1, a_2, a_3>$，$\vec{P}_4^b = <a_1, a_2, a_3, a_4>$；$\vec{P}^c = \{\vec{P}_1^c, \vec{P}_2^c, \vec{P}_3^c, \vec{P}_4^c\}$，其中 $\vec{P}_1^c = <a_3>$，$\vec{P}_2^c = <a_3, a_4>$，$\vec{P}_3^c = <a_3, a_4, a_1>$，$\vec{P}_4^c = <a_3, a_4, a_1, a_2>$。

对于 $\vec{P}^b = \{\vec{P}_1^b, \vec{P}_2^b, \vec{P}_3^b, \vec{P}_4^b\}$，有

$\pi_{\vec{P}_1^b}^{\text{IT}} = \theta_{a_1}^{\text{IT}}(U) = \{\{u_1, u_2, u_3, u_5, u_6\}, \{u_2, u_3, u_4, u_5\}\}$，

$\text{BND}_{\vec{P}_1^b}(\pi_D) = \cup \{X \in \pi_{\vec{P}_1^b}^{\text{IT}}\} = \{u_1, u_2, u_3, u_5, u_6\} \cup \{u_2, u_3, u_4, u_5\} = \{u_1, u_2, u_3, u_4, u_5, u_6\}$；

$$\pi_{\vec{P}_2^b}^{\mathrm{IT}} = \omega_{a_2}^{\mathrm{IT}}(\pi_{\vec{P}_1^b}^{\mathrm{IT}}) = \{\{u_1, u_2, u_3, u_5, u_6\}, \{u_2, u_3, u_4, u_5\}\},$$

$$\mathrm{BND}_{\vec{P}_2^b}(\pi_D) = \cup \{X \in \pi_{\vec{P}_2^b}^{\mathrm{IT}}\} = \{u_1, u_2, u_3, u_5, u_6\} \cup \{u_2, u_3, u_4,$$
$u_5\} = \{u_1, u_2, u_3, u_4, u_5, u_6\};$

$$\pi_{\vec{P}_3^b}^{\mathrm{IT}} = \omega_{a_3}^{\mathrm{IT}}(\pi_{\vec{P}_2^b}^{\mathrm{IT}}) = \{\{u_1, u_2, u_5, u_6\}, \{u_2, u_4, u_5\}\},$$

$$\mathrm{BND}_{\vec{P}_3^b}(\pi_D) = \cup \{X \in \pi_{\vec{P}_3^b}^{\mathrm{IT}}\} = \{u_1, u_2, u_5, u_6\} \cup \{u_2, u_4, u_5\} =$$
$\{u_1, u_2, u_4, u_5, u_6\};$

$$\pi_{\vec{P}_4^b}^{\mathrm{IT}} = \omega_{a_4}^{\mathrm{IT}}(\pi_{\vec{P}_3^b}^{\mathrm{IT}}) = \{\{u_4, u_5\}, \{u_5, u_6\}\},$$

$$\mathrm{BND}_{\vec{P}_4^b}(\pi_D) = \cup \{X \in \pi_{\vec{P}_4^b}^{\mathrm{IT}}\} = \{u_4, u_5\} \cup \{u_5, u_6\} = \{u_4, u_5, u_6\}。$$

从而, 可得 $\mathrm{PM}(\vec{P}^b)$:

$$\mathrm{PM}(\vec{P}^b) = \langle \mathrm{BND}_{\vec{P}_1^b}(\pi_D), \ \mathrm{BND}_{\vec{P}_2^b}(\pi_D), \ \mathrm{BND}_{\vec{P}_3^b}(\pi_D), \ \mathrm{BND}_{\vec{P}_4^b}(\pi_D) \rangle$$

$$= \langle \{u_1, u_2, u_3, u_4, u_5, u_6\}, \ \{u_1, u_2, u_3, u_4, u_5, u_6\}, \ \{u_1, u_2,$$
$u_4, u_5, u_6\}, \{u_4, u_5, u_6\} \rangle$

对于 $\vec{P}^c = \{\vec{P}_1^c, \vec{P}_2^c, \vec{P}_3^c, \vec{P}_4^c\}$, 有

$$\pi_{\vec{P}_1^c}^{\mathrm{IT}} = \theta_{a_3}^{\mathrm{IT}}(U) = \{\{u_1, u_2, u_4, u_5, u_6\}\},$$

$$\mathrm{BND}_{\vec{P}_1^c}(\pi_D) = \cup \{X \in \pi_{\vec{P}_1^c}^{\mathrm{IT}}\} = \{u_1, u_2, u_4, u_5, u_6\};$$

$$\pi_{\vec{P}_2^c}^{\mathrm{IT}} = \omega_{a_4}^{\mathrm{IT}}(\pi_{\vec{P}_1^c}^{\mathrm{IT}}) = \{\{u_4, u_5\}, \{u_5, u_6\}\},$$

$$\mathrm{BND}_{\vec{P}_2^c}(\pi_D) = \cup \{X \in \pi_{\vec{P}_2^c}^{\mathrm{IT}}\} = \{u_4, u_5\} \cup \{u_5, u_6\} = \{u_4, u_5, u_6\};$$

$$\pi_{\vec{P}_3^c}^{\mathrm{IT}} = \omega_{a_1}^{\mathrm{IT}}(\pi_{\vec{P}_2^c}^{\mathrm{IT}}) = \{\{u_4, u_5\}, \{u_5, u_6\}\},$$

$$\mathrm{BND}_{\vec{P}_3^c}(\pi_D) = \cup \{X \in \pi_{\vec{P}_3^c}^{\mathrm{IT}}\} = \{u_4, u_5\} \cup \{u_5, u_6\} = \{u_4, u_5, u_6\};$$

$$\pi_{\vec{P}_4^c}^{\mathrm{IT}} = \omega_{a_2}^{\mathrm{IT}}(\pi_{\vec{P}_3^c}^{\mathrm{IT}}) = \{\{u_4, u_5\}, \{u_5, u_6\}\},$$

$$\mathrm{BND}_{\vec{P}_4^c}(\pi_D) = \cup \{X \in \pi_{\vec{P}_4^c}^{\mathrm{IT}}\} = \{u_4, u_5\} \cup \{u_5, u_6\} = \{u_4, u_5, u_6\}。$$

从而, 可得 $\mathrm{PM}(\vec{P}^c)$:

$$\mathrm{PM}(\vec{P}^c) = \langle \mathrm{BND}_{\vec{P}_1^c}(\pi_D), \ \mathrm{BND}_{\vec{P}_2^c}(\pi_D), \ \mathrm{BND}_{\vec{P}_3^c}(\pi_D), \ \mathrm{BND}_{\vec{P}_4^c}(\pi_D) \rangle$$

$$= \langle \{u_1, u_2, u_4, u_5, u_6\}, \ \{u_4, u_5, u_6\}, \ \{u_4, u_5, u_6\}, \ \{u_4, u_5,$$
$u_6\} \rangle$

从以上计算结果可知, $\mathrm{BND}_{\vec{P}_1^b}(\pi_D) \supseteq \mathrm{BND}_{\vec{P}_2^b}(\pi_D) \supseteq \mathrm{BND}_{\vec{P}_3^b}(\pi_D) \supseteq$
$\mathrm{BND}_{\vec{P}_4^b}(\pi_D)$, $\mathrm{BND}_{\vec{P}_1^c}(\pi_D) \supseteq \mathrm{BND}_{\vec{P}_2^c}(\pi_D) \supseteq \mathrm{BND}_{\vec{P}_3^c}(\pi_D) \supseteq \mathrm{BND}_{\vec{P}_4^c}(\pi_D)$,
这证明了 P-MARS 模型是一个随着正向序列逐渐减小的边界序列, 并最终
到达最小边界。

虽然 PM($\vec{P}^b$) 和 PM($\vec{P}^c$) 的最小边界都是 $\{u_4, u_5, u_6\}$，但二者边界的演变过程不同，如图 2-2 所示。

从图 2-2 可知，PM($\vec{P}^b$) 在 $\vec{P}_4^b = <a_1, a_2, a_3, a_4>$ 时达到最小边界，而 PM($\vec{P}^c$) 在 $\vec{P}_2^c = <a_3, a_4>$ 时就达到最小边界了，这说明 PM($\vec{P}^c$) 的收敛性比 PM($\vec{P}^b$) 好。对于 P-MARS 模型来说，不同的正向序列会产生不同的边界序列，不同的边界序列有着不同的收敛性。

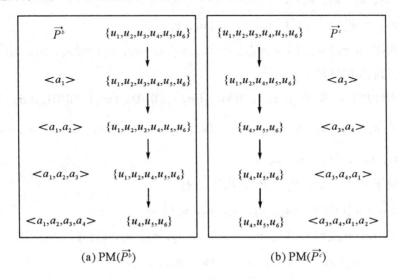

(a) PM($\vec{P}^b$)　　　　　　　　(b) PM($\vec{P}^c$)

图 2-2　不同正向序列下的边界演变

## 2.5　基于 P-MARS 模型的特征选择

P-MARS 模型提供了一个逐渐减小的边界序列，并且正向序列不同，边界序列的收敛性也不同。如果分解算子每次都使用信息丰富的属性，使边界变小得最显著，那么边界就收敛得快，不用遍历完整个属性集就可以到达最小边界。换句话说，决策系统的约简就是一个包含属性个数最少且能产生最小边界的属性集。基于以上考虑，我们提出基于 P-MARS 模型的特征选择算法。

### 2.5.1 边界度量的属性重要度

粗糙集理论用由属性的增加引起的决策属性对条件属性依赖程度的变化来描述该属性的重要度。定义如下：

**【定义 2-12】** 给定 $IDS = (U, C \cup D)$，$P \subseteq C$，$a \in C - P$。那么属性 $a$ 的重要度可定义为

$$\text{Sig}(a, P, D) = \gamma_{P \cup \{a\}}(D) - \gamma_P(D) \tag{2-25}$$

其中，$\gamma_P(D)$ 表示决策属性集 $D$ 对条件属性集 $P$ 的依赖程度，

$$\gamma_P(D) = \frac{|\text{POS}_P(\pi_D)|}{|U|} \tag{2-26}$$

如果 $\text{Sig}(a, P, D) = 0$，那么属性 $a$ 是多余属性；否则是核属性。

**【性质 2-8】** 给定 $IDS = (U, C \cup D)$，$P \subseteq C$，$a \in C - P$。那么 $\text{Sig}(a, P, D) = (|\text{BND}_P(\pi_D)| - |\text{BND}_{P \cup \{a\}}(\pi_D)|)/|U|$。

证明：由于 $\text{BND}_P(\pi_D) = U - \text{POS}_P(\pi_D)$，那么 $\gamma_P(D) = 1 - |\text{BND}_P(\pi_D)|/|U|$。从而 $\text{Sig}(a, P, D) = \gamma_{P \cup \{a\}}(D) - \gamma_P(D) = (|\text{BND}_P(\pi_D)| - |\text{BND}_{P \cup \{a\}}(\pi_D)|)/|U|$。证毕。

性质 2-8 给出了边界度量的属性重要度，描述了当属性 $a$ 加入条件属性子集 $P$ 后边界的变化情况。$\text{Sig}(a, P, D)$ 越大，说明边界下降得越快，属性 $a$ 就越重要。在特征选择算法中，通常选择重要度最大的属性来为特征选择进程导航。

### 2.5.2 边界评估的约简准则

在粗糙集理论中，决策系统的约简定义如下：

**【定义 2-13】** 给定 $IDS = (U, C \cup D)$，$P \subseteq C$。如果 $P$ 满足以下两个条件——① $\gamma_P(D) = \gamma_C(D)$，②对于任意 $P' \subset P$，$\gamma_{P'}(D) \neq \gamma_C(D)$，那么 $P$ 是 IDS 的一个约简。

从定义 2-13 可知：条件①表明属性子集 $P$ 是充分的，它保持了和原条件属性集 $C$ 相同的分类能力；条件②意味着属性子集 $P$ 中的每一个元素都是必不可少的，也就是说，属性子集 $P$ 中不包含冗余属性。在特征选择算法中，通常把约简的定义看作识别一个特征子集是否是约简的准则。

**【性质 2-9】** 给定 $IDS = (U, C \cup D)$，$P \subseteq C$。如果 $|\text{BND}_P(\pi_D)| = |\text{BND}_C(\pi_D)|$，且对于任意 $P' \subset P$，$|\text{BND}_{P'}(\pi_D)| \neq |\text{BND}_C(\pi_D)|$，那

么 $P$ 是 IDS 的一个约简。

证明：由于 $\gamma_P(D) = 1 - |\,\mathrm{BND}_P(\pi_D)\,|\,/\,|\,U\,|$，$\gamma_C(D) = 1 - |\,\mathrm{BND}_C(\pi_D)\,|\,/\,|\,U\,|$，且 $|\,\mathrm{BND}_P(\pi_D)\,| = |\,\mathrm{BND}_C(\pi_D)\,|$，那么 $\gamma_P(D) = \gamma_C(D)$。类似地，$|\,\mathrm{BND}_{P'}(\pi_D)\,| \neq |\,\mathrm{BND}_C(\pi_D)\,|$ 可推导出 $\gamma_{P'}(D) \neq \gamma_C(D)$。由于 $\gamma_P(D) = \gamma_C(D)$，$\gamma_{P'}(D) \neq \gamma_C(D)$ 对于任意 $P' \subset P$ 均成立，根据定义 2-13，$P$ 是 IDS 的一个约简。证毕。

性质 2-9 给出了边界评估的约简准则，它通过比较边界的基数来判定一个属性子集是否是约简。如果某属性子集决定的边界基数等于全域属性集决定的边界基数，并且属性子集中缺少任何一个元素都会导致边界基数的变化，那么该属性子集就是约简。

### 2.5.3  PMFS 算法

基于 P-MARS 模型，采用边界度量的属性重要度作为启发信息和边界评估的约简准则并以此为判定条件，提出了特征选择算法（P-MARS based feature selection，PMFS）。在 PMFS 算法中，P-MARS 模型作为产生边界的加速器，边界度量的属性重要度作为决定最优路径的路由器，边界评估的约简准则作为判定约简的识别器，三者有机的结合使得 PMFS 算法有能力高效地寻找到期望的特征子集。具体过程描述见表 2-3。

表 2-3  PMFS 算法

| |
|---|
| 输入<br>　　$U$　　样本集，$U = \{u_1,\ u_2,\ \cdots,\ u_m\}$<br>　　$C$　　条件属性集，$C = \{a_1,\ a_2,\ \cdots,\ a_n\}$<br>　　$D$　　决策属性集，$D = \{d\}$<br>输出<br>　　red　　$C$ 的约简 |
| Procedure PMFS $(U,\ C,\ D)$<br>　　$P = \varnothing$，$\pi_P^{\mathrm{IT}} = \{U\}$，$\mathrm{BND}_P(\pi_D) = U$，$R = C$<br>　　Compute $\mathrm{BND}_C(\pi_D)$ by Algorithm 2-1<br>　　While $|\,\mathrm{BND}_P(\pi_D)\,| \neq |\,\mathrm{BND}_C(\pi_D)\,|$ and $R \neq \varnothing$ do<br>　　　　$a_{\max} = \mathrm{null}$，$\pi_{\max}^{\mathrm{IT}} = \varnothing$，$\mathrm{BND}_{\max}(\pi_D) = \varnothing$，$\mathrm{Sig}(a_{\max},\ P,\ D) = -1$<br>　　　　For $i = 1$ to $|R|$ do<br>　　　　　　$\pi_{P \cup |r_i|}^{\mathrm{IT}} = \omega_{r_i}^{\mathrm{IT}}(\pi_P^{\mathrm{IT}}) \,/\!/\ r_i \in R$<br>　　　　　　$\mathrm{BND}_{P \cup |r_i|}(\pi_D) = \cup \{X \in \pi_{P \cup |r_i|}^{\mathrm{IT}}\}$<br>　　　　　　$\mathrm{Sig}(r_i,\ P,\ D) = (|\,\mathrm{BND}_P(\pi_D)\,| - |\,\mathrm{BND}_{P \cup |r_i|}(\pi_D)\,|)\,/\,|\,U\,|$<br>　　　　　　If $\mathrm{Sig}(r_i,\ P,\ D) > \mathrm{Sig}(a_{\max},\ P,\ D)$ then |

表2-3(续)

$$a_{max} = r_i, \quad \pi_{max}^{IT} = \pi_{P \cup |r_i|}^{IT}$$

$$BND_{max}(\pi_D) = BND_{P \cup |r_i|}(\pi_D)$$

$$Sig(a_{max}, P, D) = Sig(r_i, P, D)$$

           End If

       End For

$$P = P \cup \{a_{max}\}, \quad \pi_P^{IT} = \pi_{max}^{IT}$$

$$BND_P(\pi_D) = BND_{max}(\pi_D), \quad R = R - \{a_{max}\}$$

     End While

     red = P

     Output red

End Procedure

PMFS 算法通过选择具有最大重要度值的属性，建立了一个最短的正向序列，该属性序列使得边界以最快的收敛速度到达最小状态。

PMFS 算法的时间复杂度是 $O(|C||U| + \sum_{i=1}^{|red|}(|C|-i) \cdot |BND_{P_i}(\pi_D)|)$。在最糟糕的情况下，即当 $BND_{P_i}(\pi_D) = U$ 且 red $= C$ 时，PMFS 算法的时间复杂度是 $O(|C|^2|U|)$。实际上，当 $BND_{P_i}(\pi_D) = U$ 或 red $= C$ 时，PMFS 算法的时间复杂度是 $O(|C||U|)$，这表明实际的时间消耗将远小于 $O(|C|^2|U|)$。相比当前最好的特征选择算法[55,61]（时间复杂度为 $O(|C|^2|U| \log|U|)$），PMFS 算法在计算效率上具有明显的优势。

PMFS 算法的高效性是与以下特点分不开的：

（1）P-MARS 模型的每一个不一致容差块集，虽然由一个属性集决定，但是可由单个属性通过分解算子对不一致容差块集计算得到，充分利用了中间计算结果，极大地提高了计算效率。

（2）P-MARS 模型的每一个不一致容差块集都对应一个边界，即边界是不一致容差块集中所有不一致块的并集，边界计算的简易性提高了算法的计算效率。

（3）P-MARS 模型计算一系列的边界只需遍历整个属性集一次，批量边界计算的高效性极大地提高了算法的时间效率。

（4）利用边界可以直接度量属性重要度和评估特征子集，使得算法能够快速寻找到最优或次优的约简。

## 2.6 实验分析

通过 PMFS 算法与其他算法的对比实验，来评估 PMFS 算法的正确性以及时间性能。实验的运行环境是 Windows XP，2.53 GHz CPU，2.0 G 内存。

### 2.6.1 数据集

实验采用 8 个国际通用的 UCI 数据集[94]，每个数据集都是离散的，且只有一个决策属性。由于 PMFS 算法设计用来处理不完备数据（当然也可以处理完备数据），其中 5 个完备数据集（Balance Scale Weight and Distance，Tic-Tac-Toe End Game，Car Evaluation，Chess End Game，Nursery）通过用未知值随机替换确定值的方式转化为不完备数据集。另外，删除了 Standardized Audiology 数据集中的 ID 属性。这些数据集的具体描述如表 2-4 所示。

表 2-4  UCI 数据集描述

| 序号 | 数据集 | 样本个数 | 属性个数 | 类别 |
|------|--------|----------|----------|------|
| 1 | Lung Cancer | 32 | 56 | 3 |
| 2 | Standardized Audiology | 200 | 69 | 24 |
| 3 | Congressional Voting | 435 | 16 | 2 |
| 4 | Balance Scale Weight and Distance | 625 | 4 | 3 |
| 5 | Tic-Tac-Toe End Game | 958 | 9 | 2 |
| 6 | Car Evaluation | 1 728 | 6 | 4 |
| 7 | Chess End Game | 3 196 | 36 | 2 |
| 8 | Nursery | 12 960 | 8 | 5 |

### 2.6.2 相关算法

实验采用 3 个针对不完备数据的典型特征选择算法与 PMFS 算法做对比，它们是区分矩阵算法 DmFS[46]、正域算法 PrFS[55] 和组合熵算法

CEFS[93]，可分别代表特征选择算法的 3 种类型：基于区分矩阵的特征选择算法 DMFS、基于正域的特征选择算法 PRFS、基于信息观的特征选择算法 IVFS。

DmFS 算法从容差关系的可区分角度出发，通过对象间的两两比较，用可区分对象的属性建立区分矩阵，特征选择在区分矩阵上得以实现；DmFS 算法的时间复杂度不低于 $O(|C|^2|U|^2)$。PrFS 算法从容差关系的不可区分角度，把不可区分的对象集作为容差类，采用容差类建立正域，从而完成特征选择任务；PrFS 算法是目前计算效率最高的算法，其时间复杂度为 $O(|C|^2|U|\log|U|)$。CEFS 算法从信息观的角度，采用组合熵度量属性重要度，每次选择组合熵最大的属性直到当前条件组合熵与系统的条件组合熵相等为止；CEFS 算法的时间复杂度为 $O(|C|^2|U|^2)$。

### 2.6.3  特征子集分析

4 个算法（DmFS、PrFS、CEFS 和 PMFS）运行在 8 个 UCI 数据集上，所选择出的特征子集基数如表 2-5 所示。

表 2-5  4 个算法选出的特征子集基数

| 序号 | 数据集 | DmFS[a] | CEFS | PrFS | PMFS |
|---|---|---|---|---|---|
| 1 | Lung Cancer | 4 | 4 | 4 | 4 |
| 2 | Standardized Audiology | 21 | 21 | 22 | 22 |
| 3 | Congressional Voting | 8 | 9 | 9 | 9 |
| 4 | Balance Scale Weight and Distance | 4 | 4 | 4 | 4 |
| 5 | Tic-Tac-Toe End Game | 7 | 8 | 8 | 8 |
| 6 | Car Evaluation | 6 | 6 | 6 | 6 |
| 7 | Chess End Game | 26 | 29 | 29 | 29 |
| 8 | Nursery | 8 | 8 | 8 | 8 |

[a]注：由于 DmFS 选出的特征子集可能不止一个，表中所列的是最小特征子集的基数。

表 2-5 表明，DmFS 算法选出的特征子集的基数最少，这说明 DmFS 算法肯定能找到最小约简；CEFS 算法、PrFS 算法和 PMFS 算法都是启发式算法，不能保证找到最优约简，但是所选的特征子集的基数与 DmFS 算法非常接近，表明它们有能力找到最优或次优的特征子集，尽管它们不能保证对每个数据集都有最好的表现。另外，由于边界评估的约简准则和正

域评估的约简准则具有等价性，因此，PrFS 算法和 PMFS 算法所选择的特征子集基数相同。

### 2.6.4 时间效率分析

4 个算法（DmFS、PrFS、CEFS 和 PMFS）在 8 个 UCI 数据集上的运行时间如表 2-6 所示。

表 2-6　4 个算法的运行时间

| 序号 | 数据集 | DmFS | CEFS | PrFS | PMFS |
|------|--------|------|------|------|------|
| 1 | Lung Cancer | 0.734 | 0.637 | 0.067 | 0.125 |
| 2 | Standardized Audiology | 48.837 | 26.619 | 3.267 | 3.084 |
| 3 | Congressional Voting | 29.606 | 7.480 | 1.933 | 1.930 |
| 4 | Balance Scale Weight and Distance | 3.797 | 3.855 | 0.844 | 0.070 |
| 5 | Tic-Tac-Toe End Game | 33.637 | 18.141 7 | 4.395 | 0.364 |
| 6 | Car Evaluation | 53.775 | 35.983 | 8.364 | 0.309 |
| 7 | Chess End Game | 2 522.510 | 1 422.970 | 342.131 | 10.998 |
| 8 | Nursery | 4 368.340 | 3 928.730 | 738.915 | 11.894 |

表 2-6 表明，在数据集规模相对较小时，PMFS 算法与 PrFS 算法的运行时间几乎相同，而 DmFS 算法和 CEFS 算法明显耗费更多的时间；随着数据集规模的增大，DmFS 算法和 CEFS 算法的时间消耗变得很大，PrFS 算法的时间消耗也迅速增长，只有 PMFS 算法的时间消耗保持在较低的水平。显然，DmFS 算法、CEFS 算法和 PrFS 算法的运行时间比 PMFS 算法增长快得多。这种不同可用 DmFS 算法、CEFS 算法和 PrFS 算法与 PMFS 算法的运行时间比率来描述，如图 2-3 所示。

图 2-3 表明，数据集规模越大，比率就越大。例如，PrFS 算法与 PMFS 算法的比例在数据集 3 时约等于 1，而在数据集 8 时，比例上升到了 62。这意味着 PrFS 算法在数据集 Congressional Voting 上的运行时间与 PMFS 算法几乎相等，但在数据集 Nursery 上的运行时间是 PMFS 算法的 62 倍。更不必说 DmFS 和 CEFS 算法了。

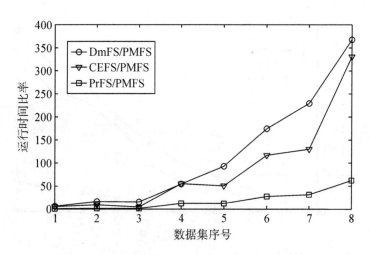

图 2-3　DmFS 算法、CEFS 算法和 PrFS 算法与 PMFS 算法的运行时间比率

从图 2-3 还可观察到，虽然每条曲线总体上随着数据集容量的增加而增长，但也有明显的波动。例如，曲线 DmFS/PMFS 在数据集 2 的值比在数据集 3 大。产生这种波动的原因在于数据集的属性数量不同（数据集 2 有 69 个属性，而数据集 3 才 16 个）。实际上，一个特征选择算法的运行时间不仅取决于数据集的样本数量，还取决于数据集的属性数量。

为了清楚地说明样本数量对算法运行时间的影响，我们把 4 个算法运行在 10 个 Nursery 数据集的子集上。这 10 个新的数据集是这样产生的：首先把 Nursery 数据集按样本数量平均分成 10 份，然后把第一份看作第一个数据集，第一个数据集加上第二份看作第二个数据集，第二个数据集加上第三份看作第三个数据集，以此类推。因此，这些数据集有不同的样本数量，但有相同的属性。相应的实验结果如图 2-4 所示。

图 2-4 显示，DmFS、CEFS 和 PrFS 几乎是二次曲线，而 PMFS 接近于直线。这表明，当属性数量相同时，DmFS 算法、CEFS 算法和 PrFS 算法的时间消耗增长比 PMFS 算法快得多。

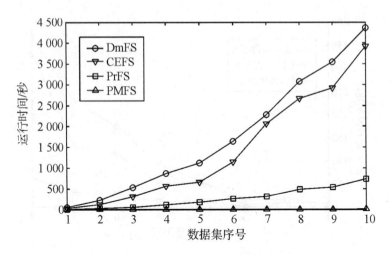

图 2-4　4 种算法在 10 个 Nursery 子集上的运行时间

为了清楚地说明属性数量对算法运行时间的影响，我们把 4 个算法运行在由 Standardized Audiology 数据集产生的 10 个新数据集上。这些数据集是这样产生的：首先把 Standardized Audiology 数据集随机地追加样本到 1 000 个，并按属性数量分成 10 等份，然后把第一份看作第一个数据集，第一个数据集加上第二份看作第二个数据集，第二个数据集加上第三份看作第三个数据集，以此类推。因此，新产生的这些数据集有不同的属性数量，但有相同的样本数量。相应的实验结果如图 2-5 所示。

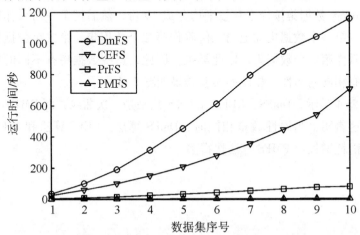

图 2-5　4 种算法在 10 个 Standardized Audiology 衍生的子集上的运行时间

图 2-5 显示，DmFS 和 CEFS 几乎是二次曲线，而 PrFS 和 PMFS 接近于直线，但 PrFS 的斜率明显比 PMFS 大。这表明，当样本数量相同时，DMFS 算法、CEFS 算法和 PrFS 算法的运行时间比 PMFS 算法增长快得多。

## 2.7　小结

不完备数据的分类问题，是粗糙集理论的一个重要研究方向。本章从宏观的角度，提出了宏近似分类模型 MARS。MARS 模型把系统的决策类集看作一个不可分割的目标概念，论域作为上近似，边界的补集作为下近似。在整个近似模型中，只有边界是变量，因此，MARS 模型也称为边界近似模型。

提出了不一致容差块集的概念，并揭示了不一致容差块集和边界之间的关系，即不一致容差块集是边界的一个覆盖。由于不一致容差块是组成近似空间的基本单元，因此，边界很容易通过不一致容差块集计算得到，这使得 MARS 模型具有很好的计算效率。

针对多属性子集下的系统宏近似问题，提出了正向宏近似分类模型 P-MARS。P-MARS 模型研究了正向序列下不一致块集之间的关联关系及其优化算法，建立了一种快速计算出一系列不同属性集下边界的机制。

基于 P-MARS 模型，提出了一种高效的特征选择算法 PMFS。PMFS 算法把 P-MARS 模型作为加速器，快速产生边界；把边界度量的属性重要度作为路由器，决定最优寻找路径；把边界评估的约简准则作为识别器，识别出期望的特征子集。实验表明，PMFS 算法能够选择出最优或次优的特征子集，且在时间效率上比现有算法具有明显的优势。

# 3　邻域划分分类模型

## 3.1　引论

粒化和逼近是粗糙集理论的两大核心思想。Pawlak 模型采用等价关系来粒化一个特定空间形成等价类，然后利用等价类构造的两个精确集合（上近似和下近似）去逼近该空间上的任何不精确或不确定的目标概念。对于符号型数据而言，对象之间仅存相等或者不相等的关系，因此，建立在等价关系上的 Pawlak 模型能够有效地处理符号型数据。对于数值型数据，由于对象之间所有属性值完全相同的情况很少发生，造成由等价关系粒化形成的等价类过小，严重影响分类模型的泛化能力。因此，Pawlak 模型不能处理数值型属性描述的分类问题。

为了解决这个问题，学者们提出了许多方法。这些方法归纳起来，可分为两大类：间接法和直接法。间接法的基本思想是先采用离散化算法把数值型数据转化成符号型数据，再采用 Pawlak 模型进行处理[95-102]。因此，离散化是间接法的重要研究内容之一，它把数值型属性的取值范围或取值区间按照一组切割点划分为若干个小区间，然后对每个小区间用一个离散值来表示。从考虑的样本空间来看，离散化可分为局部离散和全局离散[103]；从分类信息的使用情况来看，离散化可分为有监督离散[104]和无监督离散[105]；从分区数量的取值来看，离散化可分为动态离散[106]和静态离散。间接法借助离散化处理虽然能够在一定程度上解决 Pawlak 模型在数值型数据上的应用问题，但存在以下不足：①得到能够划分所有可能状态的最优离散化方法是一个 NP-hard 问题[107]；②离散化处理忽略了原始数值到离散值的隶属程度信息，造成信息丢失，对分类结果产生不良影响；③分类算法的性能不但取决于分类算法本身还取决于离散化算法，使得设计一个性能优良的分类算法变得更加复杂。

直接法的解决方案是通过扩展 Pawlak 模型来直接处理原始数据。Skowron 等[108]和 Parthaláin 等[109]通过数值型数据和最小值的差与最大值和最小值的差的比值建立对象间的相似关系，并引入一个人为设定的全局阈值来表征相似容忍程度，从而提出了能够处理数值型数据的容差粗糙集模型 TRSM。Dubois 和 Prade[110]结合了模糊集理论和粗糙集理论，提出了模糊粗糙集模型（fuzzy rough set model，FRSM）。FRSM 模型通过在数值型属性上建立可以覆盖整个值域的多个模糊概念来构建论域上的模糊相似关系，能够很好地处理数值型数据，但如何针对不同的分类问题建立行之有效的模糊相似关系仍然是一个值得探讨的问题。Hu 等[33,111]基于邻域理论[112]、1 步邻域系统[113]和 $k$ 步邻域系统[114]，提出了邻域粗糙集模型（neighborhood rough set model，NRSM），把等价关系扩展为空间中点的邻域关系。NRSM 模型能够有效地处理数值型属性描述的分类问题，并且在特征选择和分类质量上都有良好的表现[115-117]。

在现实应用中，符号型和数值型属性共同描述的分类问题是普遍存在的。Hu 等[118]在邻域关系中引入等价关系，使得邻域粗糙集模型可以处理符号型和数值型数据。Jing 等[119]在此基础上进一步考虑了符号型数据的不完备情况，提出了变精度容差邻域粗糙集模型（variable precision tolerance neighborhood rough set model，VPT-NRSM）。这些模型虽然能够处理符号型和数值型数据，但计算效率比较低，分类质量还有待于进一步提高。针对这些问题，本章旨在研究一种性能更优的粗糙集分类模型和算法。

在粗糙集理论中，邻域是邻域粗糙集模型的基本信息粒。如果说正域是属性分类能力的宏观表现，那么邻域则是从微观上描述了属性的分类能力。可见，邻域与模型的计算效率和分类质量都息息相关。本章正是从邻域入手，通过邻域划分，研究邻域的结构和性质，提出了基于邻域划分的粗糙集分类模型——邻域划分分类模型（neighborhood partition decision model，NPDM），并在此基础上设计了一个高效的特征选择算法。

本章其他部分是这样组织的：3.2 节和 3.3 节分别介绍现有的邻域粗糙集模型（NRSM）和邻域决策模型（NDRS）；3.4 节提出并详细描述了邻域划分分类模型（NPDM）；3.5 节提出了邻域计算的不平衡二叉树模型和属性评价的邻域正域确定度方法，并建立了基于邻域划分分类模型的特征选择算法；3.6 节给出了新算法与多个特征选择算法的实验结果对比和分析；3.7 节对本章内容进行了小结。

## 3.2　NRSM 模型

给定一个信息系统 $IS = (U, A, V, f)$。其中，$U$ 为论域；$A$ 是符号型属性和数值型属性的集合，即 $A = A_b \cup A_r$，$A_b = \{a_1^b, a_2^b, \cdots, a_{n_b}^b\}$ 是符号型属性的集合，$A_r = \{a_1^r, a_2^r, \cdots, a_{n_r}^r\}$ 是数值型属性的集合；$f$ 是信息函数，$f: U \times A \rightarrow V$；$V$ 是值域，$V = \{f(u, a) \mid u \in U, a \in A\}$。若存在一个对象 $u \in U$，使得 $f(u, a) = *$（$*$ 表示未知值），则称该信息系统为不完备信息系统（incomplete information system，IIS）；否则称为完备信息系统。

从空间的角度看信息系统 $IS = (U, A, V, f)$，属性集 $A$ 可看作空间的 $n_b + n_r$ 个维度，对象可看作空间中的点，那么论域 $U$ 就表示这个维度空间上的点集。因此，对象之间的差异表现为空间中彼此之间的距离。距离越小，说明对象之间的差异越小，对象就越相似；当两个对象之间的距离为 0 时，则这两个对象是完全等价的。然而，由数值型属性描述的对象距离很少等于 0，如果给定一个容忍距离，那么以中心对象为圆心、容忍距离为半径的球体内的所有对象都可以看作该中心对象的近似等价对象，从而建立起样本空间的一种粒化结构。邻域粗糙集模型（neighborhood rough set model，NRSM）正是基于这样的思想提出来的。

为了强化空间的概念，下文中我们称信息系统为近似空间（approximation space，AS）。

【定义 3-1】给定近似空间 $AS = (U, A, V, f)$，如果存在唯一的实函数 $\rho$，对于空间中任意的两个点 $u_i$ 和 $u_j$ 都满足如下条件：

（1）$\rho(u_i, u_j) \geqslant 0$，当且仅当 $u_i = u_j$ 时，$\rho(u_i, u_j) = 0$；

（2）$\rho(u_i, u_j) = \rho(u_j, u_i)$；

（3）$\rho(u_i, u_j) \leqslant \rho(u_i, u_k) + \rho(u_k, u_j)$；

称 $\rho$ 为近似空间上的距离函数，$(U, \rho)$ 称为度量空间。

对于完备的 $N$ 维近似空间来说，距离函数通常采用欧氏空间（Euclidean space）距离度量或者闵科夫斯基（Minkowski）距离度量，分别如式（3-1）和式（3-2）所示。

$$\rho(u_i, u_j) = \Big[ \sum_{k=1}^{N} (u_{ik} - u_{jk})^2 \Big]^{\frac{1}{2}} \qquad (3-1)$$

$$\rho_T(u_i, u_j) = \Big[ \sum_{k=1}^{N} (u_{ik} - u_{jk})^T \Big]^{\frac{1}{T}} \qquad (3-2)$$

其中，$u_{ik}$ 和 $u_{jk}$ 分别表示 $u_i$ 和 $u_j$ 在第 $\forall x \in \delta_P(v)$ 维的值。显然，闵科夫斯基距离度量是欧氏空间距离度量的一般形式。当 $T=2$ 时，闵科夫斯基距离就退化成欧氏空间距离。

对于不完备的 $N$ 维近似空间来说，距离函数可以采用 HEOM（Heterogeneous Euclidean-Overlap Metric）[120]，如式（3-3）所示。

$$\rho(u_i, u_j) = \Big( \sum_{k=1}^{N} d_{a_k}(u_i, u_j) \Big)^{\frac{1}{2}} \qquad (3-3)$$

其中，$d_{a_k}(u_i, u_j)$ 是 $u_i$ 和 $u_j$ 定义在属性 $a_k$ 上的函数，且

$$d_{a_k}(u_i, u_j) = \begin{cases} 1, & f(u_i, a_k) = * \quad \text{or} \quad f(u_j, a_k) = * \\ \text{overlap}_{a_k}(u_i, u_j), & a_k \in A_b \\ \text{rn\_diff}_{a_k}(u_i, u_j), & a_k \in A_r \end{cases} \qquad (3-4)$$

式（3-4）中，"$*$" 表示未知值。

$$\text{overlap}_{a_k}(u_i, u_j) = \begin{cases} 0, & f(u_i, a_k) = f(u_j, a_k) \\ 1, & f(u_i, a_k) \neq f(u_j, a_k) \end{cases} \qquad (3-5)$$

$$\text{rn\_diff}_{a_k}(u_i, u_j) = \frac{|f(u_i, a_k) - f(u_j, a_k)|}{\max(a_k) - \min(a_k)} \qquad (3-6)$$

式（3-6）中，$\max(a_k)$ 和 $\min(a_k)$ 分别表示属性 $a_k$ 的最大值和最小值。

【定义 3-2】给定近似空间 AS = $(U, A, V, f)$，$\delta > 0$ 表示容忍距离，则 $A$ 在近似空间上决定了一个二元关系：

$$N(A) = \{ (u, v) \mid u, v \in U, \rho_{A_b}(u, v) = 0 \wedge \rho_{A_r}(u, v) \leq \delta \}$$
$$(3-7)$$

称为近似空间上的一个邻域关系。其中，$\rho_{A_b}(u, v)$ 和 $\rho_{A_r}(u, v)$ 分别表示 $u$ 和 $v$ 在符号型属性集 $A_b$ 和数值型属性集 $A_r$ 上的距离，$\wedge$ 表示"与"运算。

邻域关系具有如下性质：

（1）$(u, u) \in N(A)$，说明邻域关系具有自反性；

（2）$(u, v) \in N(A) \Leftrightarrow (v, u) \in N(A)$，说明邻域关系具有对称性；

（3）$(u, v) \in N(A) \wedge (u, x) \in N(A) \Rightarrow (v, x) \in N(A)$ 一般不成立，

说明邻域关系不具有传递性；

（4）邻域关系是等价关系的扩展。当 $\delta = 0$ 时，邻域关系就退化成等价关系。

【定义 3-3】给定近似空间 $AS = (U, A, V, f)$，$u \in U$，邻域关系 $N(A)$。则 $N(A)$ 决定了对象 $u$ 的邻域，可定义为

$$\delta(u) = \{v \in U \mid (u, v) \in N(A)\} \tag{3-8}$$

$\delta(u)$ 描述了近似空间中与对象 $u$ 的距离不大于容忍距离 $\delta$ 的所有对象的集合。邻域是等价类的扩展，它把空间中的一个点扩展到一个半径为 $\delta$ 的球体，所有包含在该球体内的对象都被认为是中心对象的近似等价对象。

邻域 $\delta(u)$ 有如下性质：

（1）$\delta(u) \neq \varnothing$，因为 $u \in \delta(u)$；

（2）$v \in \delta(u) \Leftrightarrow u \in \delta(v)$；

（3）$\bigcup\limits_{i=1}^{n} \delta(u_i) = U$。

从性质（3）可以看出，邻域关系把近似空间粒化为多个邻域粒子簇，它们构成了对近似空间的一个覆盖。邻域是近似空间的基本粒子，通过它可以逼近近似空间中任何一个概念。

【定义 3-4】给定近似空间 $AS = (U, A, V, f)$，$X \subseteq U$，邻域关系 $N(A)$。那么 $X$ 在近似空间上的下近似和上近似可分别定义为：

$$\underline{N}(X) = \{u \in U \mid \delta(u) \subseteq X\} \tag{3-9}$$

$$\overline{N}(X) = \{u \in U \mid \delta(u) \cap X \neq \varnothing\} \tag{3-10}$$

显然，$\underline{N}(X) \subseteq X \subseteq \overline{N}(X)$。如果 $\underline{N}(X) = \overline{N}(X)$，那么 $X$ 是可定义的，否则 $X$ 是粗糙的。利用 $X$ 的上近似和下近似，可以把近似空间划分成三个区域：正域、边界和负域。$X$ 的下近似 $\underline{N}(X)$ 也称为 $X$ 在近似空间中的正域，它描述的是邻域完全包含在 $X$ 中的对象的集合，表示为

$$\mathrm{POS}_A(X) = \underline{N}(X) \tag{3-11}$$

$X$ 的边界是由 $X$ 的上近似和下近似求差得到的，定义为

$$\mathrm{BND}_A(X) = \overline{N}(X) - \underline{N}(X) \tag{3-12}$$

边界是邻域与 $X$ 相交不为空的对象的集合。$P \subseteq P'$ 的负域可以定义为

$$\mathrm{NEG}_A(X) = U - \overline{N}(X) \tag{3-13}$$

表示与 $X$ 不相干的对象的集合。

## 3.3 NDRS 模型

邻域决策粗糙集模型（neighborhood decision rough set model，NDRS）是面向决策系统的 NRSM 模型。数值型属性和符号型属性共存的分类问题可以描述为一个决策系统 DS = $(U, C \cup D, V, f)$，其中 $C$ 为条件属性集，$D$ 为决策属性集。如果 $C$ 决定的是论域上的邻域关系 $N(C)$，则该决策系统可称为邻域决策系统或邻域决策空间，表示为 NDS = $(U, N, D)$。邻域关系把样本 $U$ 粒化成许多邻域粒子，决策属性把样本分区为少数的几个类别，分类学习就是利用邻域粒子去对决策类做近似处理，从而得到一个分类函数（或分类模型）的过程。

【定义 3-5】给定邻域决策空间 NDS = $(U, N, D)$，$P \subseteq C$，邻域关系 $N(P)$，决策类集 $\pi_D = \{D_1, D_2, \cdots, D_j\}$。那么 $D_i (1 \leqslant i \leqslant j)$ 在 $N(P)$ 下的下近似和上近似可分别定义为：

$$\underline{N}_P(D_i) = \{u \in U \mid \delta_P(u) \subseteq D_i\} \tag{3-14}$$

$$\overline{N}_P(D_i) = \{u \in U \mid \delta_P(u) \cap D_i \neq \varnothing\} \tag{3-15}$$

其中，$\delta_P(u)$ 表示对象 $u$ 在条件属性集 $P$ 表示的维度空间中的邻域。$\pi_D$ 在 $N(P)$ 下的决策正域、决策边界和决策负域可分别定义为：

$$POS_P(\pi_D) = \bigcup_{i=1}^{j} \underline{N}_P(D_i) \tag{3-16}$$

$$BND_P(\pi_D) = \bigcup_{i=1}^{j} (\overline{N}_P(D_i) - \underline{N}_P(D_i)) \tag{3-17}$$

$$NEG_P(\pi_D) = U - \bigcup_{i=1}^{j} \overline{N}_P(D_i) \tag{3-18}$$

其中，决策正域 $POS_P(\pi_D)$ 是能够完全确定分类到决策类的对象的集合，利用这些对象的信息，建立条件属性和决策属性之间的映射函数，即为分类器或分类函数。

【定义 3-6】给定邻域决策空间 NDS = $(U, N, D)$，$P \subseteq C$，邻域关系 $N(P)$。那么 $D$ 对 $P$ 的邻域依赖函数可定义为

$$\gamma_P(D) = \frac{|POS_P(\pi_D)|}{|U|} \tag{3-19}$$

邻域依赖反映了邻域决策空间中能够被完全分类的对象占整个论域的比例，决策正域越大，决策属性对条件属性的依赖程度越高。当决策正域

为空时，$\gamma_P(D) = 0$，说明决策属性独立于条件属性；当决策正域为论域时，$\gamma_P(D) = 1$，说明决策属性完全依赖于条件属性。显然，$0 \leqslant \gamma_P(D) \leqslant 1$。

【定义3-7】给定邻域决策空间 NDS $= (U, N, D)$，$P \subseteq C$，$a \in P$，邻域关系 $N(P)$。如果 $\gamma_P(D) > \gamma_{P-\{a\}}(D)$，那么 $a$ 在 $P$ 中相对于 $D$ 是必要的，否则是不必要的。如果 $P$ 中每个属性都是必要的，则 $P$ 是独立的。

【定义3-8】给定邻域决策空间 NDS $= (U, N, D)$，$P \subseteq C$，邻域关系 $N(P)$。如果 $P$ 满足：① $\gamma_P(D) = \gamma_C(D)$，② $\forall a \in P$，$\gamma_{P-\{a\}}(D) < \gamma_P(D)$，那么 $P$ 称为 $C$ 相对于 $D$ 的一个约简。

约简具有与全域条件属性集相同的分类能力，且所包含的属性数量最少。因此，可用约简替代全域条件属性集来描述邻域决策空间，从而消除了冗余属性。

## 3.4 NPDM 模型

邻域是 NDRS 模型的基本信息粒，对邻域的详细刻画有助于更加深刻地认识和理解 NDRS 模型的本质和内涵。但遗憾的是，目前还没有详细描述邻域具体内容的文献。本章在 NDRS 模型的基础上，采用邻域划分，详细描述了邻域结构及其性质，提出了基于邻域划分的 NDRS 模型——邻域划分分类模型（neighborhood partition decision model，NPDM），简称 NPDM 模型。

### 3.4.1 邻域划分

【定义3-9】给定邻域决策空间 NDS $= (U, N, D)$，$P \subseteq C$，邻域关系 $N(P)$，$D = \{d\}$，$V_D = \{d_1, d_2, \cdots, d_j\}$，$u \in U$。那么邻域 $\delta_P(u)$ 基于 $D$ 产生的对 $U$ 的划分，称为 $u$ 的邻域划分（neighborhood partition，NP），可定义为：

$$\mathrm{NP}(u) = \{(\delta_P^{d_i}(u), d_i) \mid d_i \in V_D\} \tag{3-20}$$

其中，

$$\delta_P^{d_i}(u) = \{v \in \delta_P(u) \mid f(v, d) = d_i\} \tag{3-21}$$

$\delta_P^{d_i}(u)$ 表示邻域 $\delta_P(u)$ 内决策值为 $d_i$ 的对象集合，称为 $d_i$ 的邻域子区。如果一个邻域子区包含对象 $u$，则称该邻域子区为焦点子区；焦点子

区包含的对象称为 $u$ 的支持对象。

【定义 3-10】给定邻域决策空间 NDS $= (U, N, D)$，$P \subseteq C$，邻域关系 $N(P)$，$D = \{d\}$，$V_D = \{d_1, d_2, \cdots, d_j\}$，$u \in U$。那么邻域划分 NP$(u)$ 的概率分布 NPP$(u)$ 可定义为

$$\text{NPP}(u) = \{(P(\delta_P^{d_i}(u)), d_i) \mid d_i \in V_D\} \tag{3-22}$$

其中，

$$P(\delta_P^{d_i}(u)) = \frac{\mid \delta_P^{d_i}(u) \mid}{\mid \delta_P(u) \mid} \tag{3-23}$$

$P(\delta_P^{d_i}(u))$ 称为子区概率。如果 $f(u, d) = d_F(d_F \in V_D)$，则 $P(\delta_P^{d_F}(u))$ 称为焦点子区概率。

邻域划分有如下性质：

（1）$\forall x, y \in \delta_P^{d_i}$，$f(x, d) = f(y, d)$；

（2）$\lambda(\delta_P^{d_i}(u)) = \{d_i\}$，$\mid \lambda(\delta_P^{d_i}(u)) \mid = 1$；

（3）如果 $1 \leqslant i, k \leqslant j$，$i \neq k$，则 $\delta_P^{d_i}(u) \cap \delta_P^{d_k}(u) = \varnothing$；

（4）$\bigcup\limits_{i=1}^{j} \delta_P^{d_i}(u) = \delta_P(u)$；

（5）$\bigcup\limits_{i=1}^{j} \lambda(\delta_P^{d_i}(u)) = \lambda(\delta_P(u))$；

（6）$\bigcup\limits_{i=1}^{j} P(\delta_P^{d_i}(u)) = 1$。

【定义 3-11】给定邻域决策空间 NDS $= (U, N, D)$，$P \subseteq C$，$D = \{d\}$，$u \in U$，$V_D = \{d_1, d_2, \cdots, d_j\}$，邻域划分 NP$(u)$。如果对于任意的 $i, k(1 \leqslant i, k \leqslant j)$，都有 $\lambda(\delta_P^{d_i}(u)) = \lambda(\delta_P^{d_k}(u))$，称 $\delta_P(u)$ 为一致邻域；如果存在 $i, k(1 \leqslant i, k \leqslant j)$，使得 $\lambda(\delta_P^{d_i}(u)) \neq \lambda(\delta_P^{d_k}(u))$，则称 $\delta_P(u)$ 为不一致邻域。

邻域的一致性有如下性质：

（1）如果 $\delta_P(u)$ 为一致邻域，那么 $\mid \lambda(\delta_P(u)) \mid = 1$；反之亦然。

（2）如果 $\delta_P(u)$ 为一致邻域，那么 $\lambda(\delta_P(u)) = \{d_F\}$，其中 $d_F = f(u, d)$。

（3）如果 $\delta_P(u)$ 为一致邻域，那么 $\forall v \in \delta_P(u)$，$f(v, d) = d_F$。

（4）如果 $\delta_P(u)$ 为一致邻域，那么 $P(\delta_P^{d_F}(u)) = 1$。

（5）如果 $\delta_P(u)$ 是不一致邻域，$v \in \delta_P(u)$，$f(v, d) \neq d_F$，那么 $\delta_P(v)$ 也是不一致邻域。

（6）给定 $\delta > 0$，$\delta' > 0$，如果 $\delta < \delta'$，那么 $\delta_P(u) \subseteq \delta'_P(u)$。

（7）给定 $\delta > 0$，$\delta' > 0$，$\delta < \delta'$，如果 $\delta'_P(u)$ 是一致邻域，那么 $\delta_P(u)$ 也是一致邻域。

（8）给定 $\delta > 0$，$\delta' > 0$，$\delta < \delta'$，如果 $\delta_P(u)$ 是不一致邻域，那么 $\delta'_P(u)$ 也是不一致邻域。

（9）给定 $P \subseteq C$，$P' \subseteq C$，如果 $P \subseteq P'$，那么 $\delta_{P'}(u) \subseteq \delta_P(u)$。

（10）给定 $P \subseteq C$，$P' \subseteq C$，$P \subseteq P'$，如果 $\delta_{P'}(u)$ 是不一致邻域，那么 $\delta_P(u)$ 也是不一致邻域。

为了更好地理解上述概念，引入一个示例。

【例3-1】在给定的某个邻域决策空间中，对于条件属性子集 $P$，考虑对象 $x_1$ 和 $y_1$ 的邻域 $\delta_P(x_1)$ 和 $\delta_P(y_1)$，如图3-1所示。决策值域 $V_D = \{d_1, d_2, d_3, d_4, d_5\}$，其中 $d_1$，$d_2$，$d_3$，$d_4$，$d_5$ 分别用黑、黄、蓝、绿、红表示。

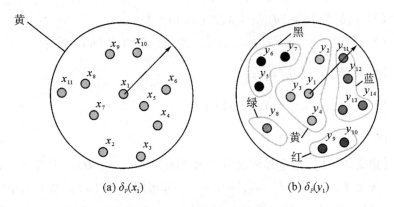

$$(a)\ \delta_P(x_1) \qquad (b)\ \delta_P(y_1)$$

图3-1　一个邻域划分的例子

对于 $\delta_P(x_1)$，有如下计算结果：

$\delta_P^{d_1}(x_1) = \varnothing$，$\delta_P^{d_2}(x_1) = \{x_1, x_2, \cdots, x_{11}\}$，$\delta_P^{d_3}(x_1) = \varnothing$，$\delta_P^{d_4}(x_1) = \varnothing$，$\delta_P^{d_5}(x_1) = \varnothing$；

$d_F = f(x_1, d) = d_2$，$\delta_P^{d_2}(x_1)$ 为焦点子区，$x_1$，$x_2$，$\cdots$，$x_{11}$ 是 $x_1$ 的支持对象；

$\mathrm{NP}(x_1) = \{(\varnothing, d_1), (\{x_1, x_2, \cdots, x_{11}\}, d_2), (\varnothing, d_3), (\varnothing, d_4), (\varnothing, d_5)\}$；

$\mathrm{NPP}(x_1) = \{(0, d_1), (1, d_2), (0, d_3), (0, d_4), (0, d_5)\}$；

$\lambda(\delta_P(x_1)) = \{d_2\}$，$|\lambda(\delta_P(x_1))| = 1$；因此，$\delta_P(x_1)$ 是一致邻域。

对于 $\delta_P(y_1)$，有如下计算结果：

$\delta_P^{d_1}(y_1) = \{y_5,\ y_6,\ y_7\}$，$\delta_P^{d_2}(y_1) = \{y_1,\ y_2,\ y_3,\ y_4\}$，$\delta_P^{d_3}(y_1) = \{y_{11},\ y_{12},\ y_{13},\ y_{14}\}$，$\delta_P^{d_4}(y_1) = \{y_8\}$，$\delta_P^{d_5}(y_1) = \{y_9,\ y_{10}\}$；

$d_F = f(y_1,\ d) = d_2$，$\delta_P^{d_2}(y_1)$ 为焦点子区，$y_1,\ y_2,\ y_3,\ y_4$ 是 $y_1$ 的支持对象；

$\mathrm{NP}(y_1) = \{(\{y_5,\ y_6,\ y_7\},\ d_1),\ (\{y_1,\ y_2,\ y_3,\ y_4\},\ d_2),\ (\{y_{11},\ y_{12},\ y_{13},\ y_{14}\},\ d_3),\ (\{y_8\},\ d_4),\ (\{y_9,\ y_{10}\},\ d_5)\}$；

$\mathrm{NPP}(y_1) = \{(3/14,\ d_1),\ (4/14,\ d_2),\ (4/14,\ d_3),\ (1/14,\ d_4),\ (2/14,\ d_5)\}$；

$\lambda(\delta_P(y_1)) = \{d_1,\ d_2,\ d_3,\ d_4,\ d_5\}$，$|\lambda(\delta_P(y_1))| = 5$；因此，$\delta_P(y_1)$ 是不一致邻域。

### 3.4.2　NPDM 模型描述

邻域划分从决策分布的角度详细刻画了邻域的特性。基于邻域划分，可以建立更高效的粗糙集分类模型——邻域划分分类模型（NPDM）。

**【定理 3-1】** 给定邻域决策空间 NDS $= (U,\ N,\ D)$，$P \subseteq C$，邻域关系 $N(P)$，$D = \{d\}$，$V_D = \{d_1,\ d_2,\ \cdots,\ d_j\}$，$\pi_D = \{D_1,\ D_2,\ \cdots,\ D_j\}$，$u \in U$。若 $\delta_P(u) \subseteq D_k (1 \leqslant k \leqslant j)$，那么 $|\lambda(\delta_P(u))| = 1$。

证明：$D_k = \{u \in U \mid f(u,\ d) = d_k\}$，则 $\lambda(D_k) = \{d_k\}$，$|\lambda(D_k)| = 1$。因为 $\delta_P(u) \subseteq D_k$，$\forall v \in \delta_P(u)$，有 $v \in D_k$ 且 $f(v,\ d) = d_k$。从而，$\lambda(\delta_P(u)) = \{d_k\}$。因此，$|\lambda(\delta_P(u))| = 1$，命题得证。

**【定理 3-2】** 给定邻域决策空间 NDS $= (U,\ N,\ D)$，$P \subseteq C$，邻域关系 $N(P)$，$D = \{d\}$，$V_D = \{d_1,\ d_2,\ \cdots,\ d_j\}$，$\pi_D = \{D_1,\ D_2,\ \cdots,\ D_j\}$，$u \in U$。如果 $\delta_P(u) \cap D_k \neq \varnothing (1 \leqslant k \leqslant j)$，那么 $d_k \in \lambda(\delta_P(u))$。

证明：采用反证法。假设 $d_k \notin \lambda(\delta_P(u))$，也就是说，对于 $\forall v \in \delta_P(u)$，有 $f(v,\ d) \neq d_k$。由于 $\delta_P(u) \cap D_k \neq \varnothing$，假设 $\delta_P(u) \cap D_k = R (R \neq \varnothing)$，那么 $\forall v \in R$，有 $v \in \delta_P(u)$ 且 $v \in D_k$。由于 $D_k = \{u \in U \mid f(u,\ d) = d_k\}$，可知 $f(v,\ d) = d_k$，这与 $f(v,\ d) \neq d_k$ 矛盾。因此，假设 $d_k \notin \lambda(\delta_P(u))$ 不成立，原命题得证。

根据以上两个定理，可定义基于邻域划分的下近似和上近似。

**【定义 3-12】** 给定邻域决策空间 NDS $= (U,\ N,\ D)$，$P \subseteq C$，邻域关系 $N(P)$，$D = \{d\}$，$V_D = \{d_1,\ d_2,\ \cdots,\ d_j\}$，$\pi_D = \{D_1,\ D_2,\ \cdots,\ D_j\}$，$u$

$\in U$。那么 $D_k\,(1 \leqslant k \leqslant j)$ 在 $N(P)$ 下的下近似和上近似可分别定义为

$$\underline{N}_P(D_k) = \{u \in U \mid \lambda(\delta_P(u)) = \{d_k\}\} \tag{3-24}$$

$$\overline{N}_P(D_k) = \{u \in U \mid d_k \in \lambda(\delta_P(u))\} \tag{3-25}$$

式（3-24）和式（3-25）表明，如果一个对象的邻域只有唯一的决策值且等于 $d_k$，那么该对象肯定属于 $D_k$ 的下近似；如果一个对象的邻域有一个或多个决策值且包含 $d_k$，那么该对象属于 $D_k$ 的上近似。显然，$\underline{N}_P(D_k) \subseteq D_k \subseteq \overline{N}_P(D_k)$。如果 $\underline{N}_P(D_k) = \overline{N}_P(D_k)$，那么 $D_k$ 是可定义的，否则 $D_k$ 是粗糙的。基于邻域划分的上近似和下近似从邻域决策的角度直观地反映了对象的分类情况。

【定理 3-3】给定邻域决策空间 NDS = $(U,\ N,\ D)$，$P \subseteq C$，邻域关系 $N(P)$，$D = \{d\}$，$V_D = \{d_1,\ d_2,\ \cdots,\ d_j\}$，$\pi_D = \{D_1,\ D_2,\ \cdots,\ D_j\}$，$u \in U$。那么 $\bigcup\limits_{i=1}^{j} \underline{N}_P(D_i) = \{u \in U \mid |\lambda(\delta_P(u))| = 1\}$。

证明：根据式（3-24），$\underline{N}_P(D_i) = \{u \in U \mid \lambda(\delta_P(u)) = \{d_i\}\}$，那么

$$\bigcup\limits_{i=1}^{j} \underline{N}_P(D_i) = \{u \in U \mid \lambda(\delta_P(u)) = \{d_1\}\} \cup \{u \in U \mid \lambda(\delta_P(u)) = \{d_2\}\}$$

$$\cup \cdots$$

$$\cup \{u \in U \mid \lambda(\delta_P(u)) = \{d_j\}\}$$

$$= \{u \in U \mid |\lambda(\delta_P(u))| = 1 \cap \lambda(\delta_P(u)) \subseteq V_D\}$$

$$= \{u \in U \mid |\lambda(\delta_P(u))| = 1\}$$

因此，$\bigcup\limits_{i=1}^{j} \underline{N}_P(D_i) = \{u \in U \mid |\lambda(\delta_P(u))| = 1\}$。命题得证。

【定理 3-4】给定邻域决策空间 NDS = $(U,\ N,\ D)$，$P \subseteq C$，邻域关系 $N(P)$，$D = \{d\}$，$V_D = \{d_1,\ d_2,\ \cdots,\ d_j\}$，$\pi_D = \{D_1,\ D_2,\ \cdots,\ D_j\}$，$u \in U$。那么 $\bigcup\limits_{i=1}^{j} \overline{N}_P(D_i) = U$。

证明：根据式（3-25），有 $\overline{N}_P(D_i) = \{u \in U \mid d_i \in \lambda(\delta_P(u))\}$。假设 $\overline{N}_P(D_i) = X_{i1} \cup X_{i2} \cup \cdots \cup X_{ij}$，其中，$\lambda(X_{ik}) = \{d_k\}$，$1 \leqslant k \leqslant j$，那么

$$\bigcup\limits_{i=1}^{j} \overline{N}_P(D_i) = \bigcup\limits_{i=1}^{j} (X_{i1} \cup X_{i2} \cup \cdots \cup X_{ij})$$

$$= \bigcup\limits_{i=1}^{j} (X_{i1}) \cup \bigcup\limits_{i=1}^{j} (X_{i2}) \cup \cdots \cup \bigcup\limits_{i=1}^{j} (X_{ij})$$

$$= D_1 \cup D_2 \cup \cdots \cup D_j$$

$$= U$$

因此，$\bigcup\limits_{i=1}^{j} \overline{N}_P(D_i) = U$。证毕。

【定理3-5】给定邻域决策空间 NDS = $(U, N, D)$，$P \subseteq C$，邻域关系 $N(P)$，$u \in U$，$D = \{d\}$，$V_D = \{d_1, d_2, \cdots, d_j\}$，$\pi_D = \{D_1, D_2, \cdots, D_j\}$。那么 $\bigcup\limits_{i=1}^{j}(\overline{N}_P(D_i) - \underline{N}_P(D_i)) = \{u \in U \mid |\lambda(\delta_P(u))| > 1\}$。

证明：根据式（3-24）和式（3-25），有

$$\underline{N}_P(D_i) = \{u \in U \mid \lambda(\delta_P(u)) = \{d_i\}\}$$
$$= \{u \in U \mid d_i \in \lambda(\delta_P(u)) \cap |\lambda(\delta_P(u))| = 1\}$$
$$\overline{N}_P(D_i) = \{u \in U \mid d_i \in \lambda(\delta_P(u))\}$$
$$= \{u \in U \mid d_i \in \lambda(\delta_P(u)) \cap |\lambda(\delta_P(u))| = 1\} \cup$$
$$\{u \in U \mid d_i \in \lambda(\delta_P(u)) \cap |\lambda(\delta_P(u))| > 1\}$$

那么

$$\overline{N}_P(D_i) - \underline{N}_P(D_i) = \{u \in U \mid d_i \in \lambda(\delta_P(u)) \cap |\lambda(\delta_P(u))| > 1\} \text{；}$$
$$\bigcup\limits_{i=1}^{j}(\overline{N}_P(D_i) - \underline{N}_P(D_i)) = \bigcup\limits_{i=1}^{j}(\{u \in U \mid d_i \in \lambda(\delta_P(u)) \cap |\lambda(\delta_P(u))| > 1\})$$
$$= \bigcup\limits_{i=1}^{j}(\{u \in U \mid d_i \in \lambda(\delta_P(u))\}) \cap (\{u \in U \mid |\lambda(\delta_P(u))| > 1\})$$
$$= \bigcup\limits_{i=1}^{j}\overline{N}_P(D_i) \cap (\{u \in U \mid |\lambda(\delta_P(u))| > 1\})$$
$$= U \cap \{u \in U \mid |\lambda(\delta_P(u))| > 1\}$$
$$= \{u \in U \mid |\lambda(\delta_P(u))| > 1\}$$

因此，$\bigcup\limits_{i=1}^{j}(\overline{N}_P(D_i) - \underline{N}_P(D_i)) = \{u \in U \mid |\lambda(\delta_P(u))| > 1\}$。证毕。

根据定理 3-3、3-4 和 3-5，NPDM 模型可定义如下：

【定义3-13】给定邻域决策空间 NDS = $(U, N, D)$，$P \subseteq C$，邻域关系 $N(P)$，$D = \{d\}$，$V_D = \{d_1, d_2, \cdots, d_j\}$，$\pi_D = \{D_1, D_2, \cdots, D_j\}$，$u \in U$。那么 $\pi_D$ 在 $N(P)$ 下的决策正域、决策边界和决策负域可分别定义为：

$$POS_P(\pi_D) = \{u \in U \mid |\lambda(\delta_P(u))| = 1\} \tag{3-26}$$
$$BND_P(\pi_D) = \{u \in U \mid |\lambda(\delta_P(u))| > 1\} \tag{3-27}$$
$$NEG_P(\pi_D) = \varnothing \tag{3-28}$$

NPDM 模型把一致邻域对象划归为决策正域对象，把不一致邻域对象划归为决策边界对象，使得判断一个对象的类别与决策类无关，只与邻域本身的性质有关。因此，NPDM 模型比 NDRS 模型更直观、更简洁，计算效率更高。

### 3.4.3　基于 NPDM 模型的多粒度分析

分类问题的可分性是由邻域决策空间和邻域粒度决定的，在不同维度的邻域决策空间和不同半径的邻域粒度下，分类的一致性程度是不同的。

【性质 3-1】给定邻域决策空间 NDS = $(U, N, D)$，$\pi_D = \{D_1, D_2, \cdots, D_j\}$，$\delta > 0$，$P_1 \subseteq C$，$P_2 \subseteq C$，$P_1 \subseteq P_2$。那么

(1) $N(P_2) \subseteq N(P_1)$；

(2) $\underline{N}_{P_1}(D_k) \subseteq \underline{N}_{P_2}(D_k)$；

(3) $POS_{P_1}(\pi_D) \subseteq POS_{P_2}(\pi_D)$；

(4) $\gamma_{P_1}(D) \leq \gamma_{P_2}(D)$。

证明：

(1) $\forall (u, v) \in N(P_2)$，$\rho_{P_2}(u, v) \leq \delta$。由于 $P_1 \subseteq P_2$，所以 $\rho_{P_1}(u, v) \leq \rho_{P_2}(u, v)$，从而 $\rho_{P_1}(u, v) \leq \delta$，这意味着 $(u, v) \in N(P_1)$。也就是说 $\forall (u, v) \in N(P_2)$，有 $\forall (u, v) \in N(P_1)$。因此，$N(P_2) \subseteq N(P_1)$。

(2) $\forall u \in \underline{N}_{P_1}(D_k)$，$\delta_{P_1}(u) \subseteq D_k$。由于 $P_1 \subseteq P_2$，所以 $\delta_{P_2}(u) \subseteq \delta_{P_1}(u)$，从而 $\delta_{P_2}(u) \subseteq D_k$，这意味着 $u \in \underline{N}_{P_2}(D_k)$。也就是说 $\forall u \in \underline{N}_{P_1}(D_k)$，$u \in \underline{N}_{P_2}(D_k)$。因此，$\underline{N}_{P_1}(D_k) \subseteq \underline{N}_{P_2}(D_k)$。

(3) 由于 $P_1 \subseteq P_2$，所以 $\underline{N}_{P_1}(D_k) \subseteq \underline{N}_{P_2}(D_k)$。于是 $POS_{P_1}(\pi_D) = \bigcup\limits_{i=1}^{j} \underline{N}_{P_1}(D_i) \subseteq \bigcup\limits_{i=1}^{j} \underline{N}_{P_2}(D_i) = POS_{P_2}(\pi_D)$，从而 $POS_{P_1}(\pi_D) \subseteq POS_{P_2}(\pi_D)$。

(4) 由于 $P_1 \subseteq P_2$，得 $POS_{P_1}(\pi_D) \subseteq POS_{P_2}(\pi_D)$。于是 $\gamma_{P_1}(D) = |POS_{P_1}(\pi_D)| / |U| \leq |POS_{P_2}(\pi_D)| / |U| = \gamma_{P_2}(D)$，从而 $\gamma_{P_1}(D) \leq \gamma_{P_2}(D)$。证毕。

性质 3-1 说明，在给定的邻域粒度下，考虑的维度越多，对对象的刻画越精细，对象之间的差异就更明显，从而导致邻域对象数量变少，一致邻域数量增多，进而决策正域变大，分类的一致性程度就变高。我们称分类一致性程度随属性的增多而变高的特性为属性单调性。

【性质 3-2】给定邻域决策空间 NDS = $(U, N, D)$，$\pi_D = \{D_1, D_2, \cdots, D_j\}$，$P \subseteq C$，$\delta_1 > 0$，$\delta_2 > 0$，$\delta_1 \leq \delta_2$。那么，

(1) $N_{\delta_1}(P) \subseteq N_{\delta_2}(P)$；

(2) $\underline{N}_{\delta_2}(D_k) \subseteq \underline{N}_{\delta_1}(D_k)$，$\overline{N}_{\delta_1}(D_k) \subseteq \overline{N}_{\delta_2}(D_k)$；

（3）$\text{BND}_{\delta_1}(\pi_D) \subseteq \text{BND}_{\delta_2}(\pi_D)$；

（4）$\text{POS}_{\delta_2}(\pi_D) \subseteq \text{POS}_{\delta_1}(\pi_D)$；

（5）$\gamma_{\delta_2}(D) \subseteq \gamma_{\delta_1}(D)$。

证明：

（1）$\forall (u, v) \in N_{\delta_1}(P)$，$\rho_{\delta_1}(u, v) \leqslant \delta_1$。由于 $\delta_1 \leqslant \delta_2$，所以 $\rho_{\delta_1}(u, v) \leqslant \delta_2$，从而 $(u, v) \in N_{\delta_2}(P)$。也就是说 $\forall (u, v) \in N_{\delta_1}(P)$，有 $(u, v) \in N_{\delta_2}(P)$。因此，$N_{\delta_1}(P) \subseteq N_{\delta_2}(P)$。

（2）$\forall u \in \underline{N}_{\delta_2}(D_k)$，$\delta_2(u) \subseteq D_k$。由于 $\delta_1 \leqslant \delta_2$，所以 $\delta_1(u) \subseteq \delta_2(u)$，从而 $\delta_1(u) \subseteq D_k$，这意味着 $u \in \underline{N}_{\delta_1}(D_k)$。也就是说 $\forall u \in \underline{N}_{\delta_2}(D_k)$，有 $u \in \underline{N}_{\delta_1}(D_k)$。因此，$\underline{N}_{\delta_2}(D_k) \subseteq \underline{N}_{\delta_1}(D_k)$。

另一方面，$\forall u \in \overline{N}_{\delta_1}(D_k)$，$\delta_1(u) \cap D_k \neq \varnothing$。由 $\delta_1(u) \subseteq \delta_2(u)$，得 $\delta_2(u) \cap D_k \neq \varnothing$，于是 $u \in \overline{N}_{\delta_2}(D_k)$。这意味着 $\forall u \in \overline{N}_{\delta_1}(D_k)$，有 $u \in \overline{N}_{\delta_2}(D_k)$。因此，$\overline{N}_{\delta_1}(D_k) \subseteq \overline{N}_{\delta_2}(D_k)$。

（3）由于 $\delta_1 \leqslant \delta_2$，$\underline{N}_{\delta_2}(D_k) \subseteq \underline{N}_{\delta_1}(D_k)$，$\overline{N}_{\delta_1}(D_k) \subseteq \overline{N}_{\delta_2}(D_k)$。于是 $\text{BND}_{\delta_1}(\pi_D) = \bigcup\limits_{i=1}^{j}(\overline{N}_{\delta_1}(D_i) - \underline{N}_{\delta_1}(D_i)) \subseteq \bigcup\limits_{i=1}^{j}(\overline{N}_{\delta_2}(D_i) - \underline{N}_{\delta_2}(D_i)) = \text{BND}_{\delta_2}(\pi_D)$，从而，$\text{BND}_{\delta_1}(\pi_D) \subseteq \text{BND}_{\delta_2}(\pi_D)$。

（4）由于 $\delta_1 \leqslant \delta_2$，$\underline{N}_{\delta_2}(D_k) \subseteq \underline{N}_{\delta_1}(D_k)$。于是，$\text{POS}_{\delta_2}(\pi_D) = \bigcup\limits_{i=1}^{j} \underline{N}_{\delta_2}(D_i) \subseteq \bigcup\limits_{i=1}^{j} \underline{N}_{\delta_1}(D_i) = \text{POS}_{\delta_1}(\pi_D)$，从而，$\text{POS}_{\delta_2}(\pi_D) \subseteq \text{POS}_{\delta_1}(\pi_D)$。

（5）由于 $\delta_1 \leqslant \delta_2$，$\text{POS}_{\delta_2}(\pi_D) \subseteq \text{POS}_{\delta_1}(\pi_D)$。于是，$\gamma_{\delta_2}(D) = |\text{POS}_{\delta_2}(\pi_D)| / |U| \leqslant |\text{POS}_{\delta_1}(\pi_D)| / |U| = \gamma_{\delta_1}(D)$，从而，$\gamma_{\delta_2}(D) \subseteq \gamma_{\delta_1}(D)$。证毕。

性质 3-2 说明，在相同维度的邻域决策空间中，邻域半径越小，则邻域粒度越小，导致一致邻域数量增多，决策正域变大，决策边界变小，从而分类的一致性程度变高，对分类的描述也更加准确。我们称分类一致性程度随邻域粒度的减小而变高的特性为粒度单调性。

【定义 3-14】给定邻域决策空间 $\text{NDS} = (U, N, D)$，$P \subseteq C$，邻域半径 $\delta > 0$，邻域关系 $N(P)$，邻域依赖 $\gamma_P(D)$。如果 $\gamma_P(D) = 1$，则称邻域决策空间在 $\delta$ 粒度下是一致的。

【性质 3-3】给定邻域决策空间 $\text{NDS} = (U, N, D)$，邻域半径 $\delta > 0$，$P_1 \subseteq C$，$P_2 \subseteq C$，$P_1 \subseteq P_2$。如果 NDS 在邻域关系 $N(P_1)$ 下是一致的，那

么在邻域关系 $N(P_2)$ 下也是一致的。

证明：由于 NDS 在邻域关系 $N(P_1)$ 下是一致的，可得 $\gamma_{P_1}(D)=1$，从而 $\mathrm{POS}_{P_1}(\pi_D)=U$。因为 $P_1 \subseteq P_2$，所以 $\mathrm{POS}_{P_1}(\pi_D) \subseteq \mathrm{POS}_{P_2}(\pi_D)$，这意味着 $U \subseteq \mathrm{POS}_{P_2}(\pi_D) \subseteq U$，得 $\mathrm{POS}_{P_2}(\pi_D)=U$，$\gamma_{P_2}(D)=1$。因此，NDS 在邻域关系 $N(P_2)$ 下是一致的。证毕。

**【性质 3-4】** 给定邻域决策空间 NDS $=(U, N, D)$，$P \subseteq C$，邻域关系 $N(P)$，$\delta_1 > 0$，$\delta_2 > 0$，$\delta_1 < \delta_2$。如果 NDS 在 $\delta_2$ 粒度下是一致的，那么在 $\delta_1$ 粒度下也是一致的。

证明：由于 NDS 在 $\delta_2$ 粒度下是一致的，所以 $\gamma_{\delta_2}(D)=1$，从而 $\mathrm{POS}_{\delta_2}(\pi_D)=U$。因为 $\delta_1 < \delta_2$，所以 $\mathrm{POS}_{\delta_2}(\pi_D) \subseteq \mathrm{POS}_{\delta_1}(\pi_D)$，这意味着 $U \subseteq \mathrm{POS}_{\delta_1}(\pi_D) \subseteq U$，得 $\mathrm{POS}_{\delta_1}(\pi_D)=U$，$\gamma_{P_1}(D)=1$。因此，NDS 在 $\delta_1$ 粒度下是一致的。证毕。

## 3.5 基于 NPDM 模型的特征选择

在分类问题中，不同属性的重要性是不同的。有些属性是必需的，去掉这些属性会严重影响分类质量；有些属性是不必要的，去掉这些属性完全不会影响分类质量；还有一些属性的作用介于这二者之间，是相对必要的，它可能与其他一些属性联合起来确定分类质量。

特征选择（或属性约简）是粗糙集理论的核心内容之一，其目的就是要找到一个约简，消除冗余属性。特征选择最关注的是约简的分类质量和算法的计算效率。因此，本节提出邻域正域确定度方法 NPRC 来评估属性，以提高分类质量；设计了一个不平衡二叉树模型 UB-tree 来计算邻域，以提高计算效率；建立了基于 NPDM 模型的特征选择算法（NPDM-based feature selection，NPFS）。

### 3.5.1 NPRC 评估方法

属性评估是启发式特征选择算法的一个关键环节。一个好的属性评估方法不但能使特征选择算法快速收敛，而且能使特征选择算法选择出高质量的约简。下面分析比较现有的三种典型的属性评估方法，进而提出一种新的属性评估方法——邻域正域确定度（neighborhood positive region certainty，NPRC)。

### 3.5.1.1　三种典型的属性评估方法

现有的基于 NDRS 模型的特征选择算法通常采用以下三种典型的属性评估方法：邻域依赖函数（neighborhood dependence function，NDF）、邻域识别率（neighborhood recognition ratio，NRR）和邻域变精度（neighborhood variable precision，NVP）。

**1. NDF 评估方法**

NDF 是最常用的属性评估方法，它的定义如下：

$$\gamma_P(D) = \frac{|\ \text{POS}_P(\pi_D)\ |}{|U|} \tag{3-29}$$

NDF 采用邻域决策空间中能够被完全分类的对象占整个论域的比例来评价属性质量，决策正域越大，说明属性的质量越好。

NDF 的邻域划分表示如下：

$$\text{NDF} = \frac{1}{|U|} \sum_{i=1}^{|U|} \sigma_{\text{NDF}}(u_i) \tag{3-30}$$

其中，$\sigma_{\text{NDF}}(u_i)$ 是 $u_i$ 的价值函数，反映了对象 $u_i$ 对决策正域的贡献程度，

$$\sigma_{\text{NDF}}(u_i) = \begin{cases} 1, & |\ \lambda(\delta_P(u_i))\ | = 1 \\ 0, & |\ \lambda(\delta_P(u_i))\ | > 1 \end{cases} \tag{3-31}$$

从式（3-31）可以看出，具有一致邻域的对象对邻域依赖度的贡献为 $1/|U|$，也就是说对决策正域的贡献为 1；而具有不一致邻域的对象对邻域依赖度的贡献为 0，也就是说对决策正域的贡献为 0。这说明邻域依赖函数在判断一个对象对决策正域的贡献程度时，只考虑了一致邻域的情况，而完全放弃了不一致邻域信息。因此，邻域依赖函数对属性质量的评估是粗糙的，换句话说，它不能真实地反映属性的分类能力。

**2. NRR 评估方法**

NRR 是 Hu 等[118]提出的一种属性评估方法，可表示为：

$$\text{NRR} = 1 - \frac{1}{|U|} \sum_{i=1}^{|U|} \eta(\varpi(u_i)\ |\ \text{ND}(u_i)) \tag{3-32}$$

其中，$\eta(\varpi(u_i)\ |\ \text{ND}(u_i))$ 称为误分类损失函数，

$$\eta(\varpi(u_i)\ |\ \text{ND}(u_i)) = \begin{cases} 1, & \varpi(u_i) \neq \text{ND}(u_i) \\ 0, & \varpi(u_i) = \text{ND}(u_i) \end{cases}$$

式（3-33）中，$\varpi(u_i)$ 是 $u_i$ 的真实类别，$ND(u_i)$ 是 $u_i$ 的邻域决策函数。

NRR 的邻域划分表示如下：

$$\text{NRR} = \frac{1}{|U|} \sum_{i=1}^{|U|} \sigma_{\text{NRR}}(u_i) \qquad (3-34)$$

其中，$\sigma_{\text{NRR}}(u_i)$ 是 $u_i$ 的价值函数，反映了对象 $u_i$ 对决策正域的贡献程度，

$$\sigma_{\text{NRR}}(u_i) = \begin{cases} 1, & |\lambda(\delta_P(u_i))| = 1 \\ \xi_{\text{NRR}}(u_i), & |\lambda(\delta_P(u_i))| > 1 \end{cases} \qquad (3-35)$$

$$\xi_{\text{NRR}}(u_i) = \begin{cases} 1, & \forall d_k \in V_D, \ P(\delta_P^{d_k}(u_i)) \leqslant P(\delta_P^{d_F}(u_i)) \\ 0, & \text{otherwise} \end{cases} \qquad (3-36)$$

从式（3-35）和式（3-36）可以看出，NRR 不但考虑到了一致邻域的情况，还考虑到了不一致邻域的情况。对于不一致邻域，采用相对多数决策原则来判定中心对象对决策正域的贡献程度。如果邻域内焦点子区概率最大，即满足条件 $\forall d_k \in V_D, \ P(\delta_P^{d_k}(u_i)) \leqslant P(\delta_P^{d_F}(u_i))$，那么该中心对象对决策正域的贡献度为 1，否则为 0。因此，邻域识别率把一些符合相对多数决策原则的不一致邻域看作一致邻域，对属性质量的评估比邻域依赖函数更细致，也更能反映属性的分类能力。

3. NVP 评估方法

NVP 是 Jing 等[119]提出的一种属性评估方法，可描述为：

$$\gamma_P(D) = \frac{|\text{POS}_P(\pi_D)|}{|U|} \qquad (3-37)$$

$$\text{POS}_P(\pi_D) = \bigcup_{i=1}^{j} \underline{N}_P(D_i) \qquad (3-38)$$

$$\underline{N}_P(D_i) = \{ u \in U \mid \frac{|\delta_P(u) \cap D_i|}{|\delta_P(u)|} \geqslant \beta \} \qquad (3-39)$$

式（3-39）中，$\beta \in [0, 1]$ 是一个给定的阈值。

NVP 实质上是 NDF 的扩展。当 $\beta = 1$ 时，NVP 就退化为 NDF。阈值 $\beta$ 表达了一个具有不一致邻域的对象划归为正域对象的接受程度。

NVP 的邻域划分表示如下：

$$\text{NVP} = \frac{1}{|U|} \sum_{i=1}^{|U|} \sigma_{\text{NVP}}(u_i) \qquad (3-40)$$

其中，$\sigma_{\text{NVP}}(u_i)$ 是价值函数，反映了对象 $u_i$ 对决策正域的贡献程度，

$$\sigma_{\text{NVP}}(u_i) = \begin{cases} 1, & |\lambda(\delta_P(u_i))| = 1 \\ \xi_{\text{NVP}}(u_i), & |\lambda(\delta_P(u_i))| > 1 \end{cases} \quad (3-41)$$

$$\xi_{\text{NVP}}(u_i) = \begin{cases} 1, & P(\delta_P^{d_F}(u_i)) \geq \beta \\ 0, & \text{otherwise} \end{cases} \quad (3-42)$$

NVP 也同时考虑到了一致邻域和不一致邻域的情况，但与 NRR 不同。NVP 人为地设置了一个阈值 $\beta$ 来评判不一致邻域视为一致邻域的接受程度。由于 $\beta$ 一般取值为 [0.5, 1]，因此 NVP 实际上采用了绝对多数决策原则来处理不一致邻域情况。如果邻域内焦点子区概率不低于 $\beta$，即满足条件 $P(\delta_P^{d_F}(u_i)) \geq \beta$，那么该对象对决策正域的贡献度为 1，否则为 0。显然，NVP 对属性质量的评价比 NRR 更严格，比 NDF 更宽松。阈值的引入，使得 NVP 虽然增加了灵活性，但由于需要人为指定，因此具有一定的随机性。

### 3.5.1.2  NPRC 评估方法

在粗糙集理论中，评估属性分类能力的标准是看在该属性的粒化下，有多少对象分类到决策正域。从微观上讲，一个对象对决策正域的贡献度，反映了属性的分类能力。NDF 判定一个对象对决策正域的贡献度太严格，只要该对象的邻域不一致，就把该对象对决策正域的贡献度视为 0；NVP 放宽了这个限制，把满足 $\beta$ 条件的不一致邻域视为一致邻域，使得相应的中心对象对决策正域的贡献度为 1；NRR 进一步放松了这个限制，把满足相对多数决策原则的不一致邻域也视为一致邻域，使得相应的中心对象对决策正域的贡献度为 1。

不管是哪种属性评估方法，都没有考虑到邻域划分的具体内容，使得中心对象对决策正域的贡献度要么是 0，要么是 1，不能精确反映属性的分类能力。因此，本书基于邻域划分，提出了属性评估的邻域正域确定度方法（neighborhood positive region certainty，NPRC），把单个对象对决策正域的贡献程度从 {0, 1} 扩展到了 [0, 1]，从而更具体、更深刻地描述了属性的分类能力。

**【定义 3-15】** 给定邻域决策空间 NDS = $(U, N, D)$，$P \subseteq C$，邻域关系 $N(P)$，$D = \{d\}$，$V_D = \{d_1, d_2, \cdots, d_j\}$，$\pi_D = \{D_1, D_2, \cdots, D_j\}$，$u \in U$，邻域划分 NP($u$)，概率分布 NPP($u$)。那么在 $P$ 下的邻域划分不确定度（neighborhood partition uncertainty，NPU）可定义为

$$\mathrm{NPU}(u) = -\frac{1}{\log|V_D|} \sum_{k=1}^{|V_D|} P(\delta_P^{d_k}(u)) \log P(\delta_P^{d_k}(u)) \qquad (3\text{-}43)$$

$\mathrm{NPU}(u)$ 反映了邻域划分的详细信息。如果一个邻域的对象分布越集中，那么邻域划分不确定性就越小，属性的区分能力就越好。当 $\delta_P(u)$ 是一致邻域时，对象都集中分布在焦点子区中，此时 $\mathrm{NPU}(u) = 0$，属性的区分能力最好；当 $\delta_P(u)$ 的对象都均匀分布在 $|V_D|$ 个邻域子区时，即 $P(\delta_P^{d_k}(u)) = 1/|V_D|$，$\mathrm{NPU}(u) = 1$，属性的区分能力最差。因此，$\mathrm{NPU}(u) \in [0, 1]$。

【定义 3-16】给定邻域决策空间 NDS = $(U, N, D)$，$P \subseteq C$，邻域关系 $N(P)$，$D = \{d\}$，$V_D = \{d_1, d_2, \cdots, d_j\}$，$\pi_D = \{D_1, D_2, \cdots, D_j\}$，$u \in U$，邻域划分 $\mathrm{NP}(u)$，概率分布 $\mathrm{NPP}(u)$。那么在 $P$ 下的邻域正域确定度 NPRC 可定义为

$$\mathrm{NPRC} = \frac{1}{|U|} \sum_{i=1}^{|U|} \sigma_{\mathrm{NPRC}}(u_i) \qquad (3\text{-}44)$$

其中，$\sigma_{\mathrm{NPRC}}(u_i)$ 是 $u_i$ 的价值函数，反映了对象 $u_i$ 对决策正域的贡献程度，

$$\sigma_{\mathrm{NPRC}}(u_i) = P(\delta_P^{d_F}(u_i)) \cdot (1 - \mathrm{NPU}(u_i)) \qquad (3\text{-}45)$$

NPRC 不但考虑到了焦点子区对中心对象的支持度，而且还考虑到了邻域划分的结构信息。它把邻域划分确定度在焦点子区上的概率分配值作为中心对象对决策正域的贡献度 $\sigma_{\mathrm{NPRC}}(u_i)$。$\sigma_{\mathrm{NPRC}}(u_i)$ 越大，表明属性的分类能力越强。由于 $P(\delta_P^{d_F}(u_i)) \in [0, 1]$，$\mathrm{NPU}(u_i) \in [0, 1]$，因此，$\sigma_{\mathrm{NPRC}}(u_i) \in [0, 1]$。当 $\delta_P(u_i)$ 是一致邻域时，$\sigma_{\mathrm{NPRC}}(u_i) = 1$，表明中心对象 $u_i$ 对决策正域的贡献度最大（等于 1）；当 $\delta_P(u_i)$ 是不一致邻域且对象都均匀分布在 $|V_D|$ 个邻域子区时，$\sigma_{\mathrm{NPRC}}(u_i) = 0$，表明中心对象 $u_i$ 对决策正域的贡献度最小（等于 0）。

【性质 3-5】给定邻域决策空间 NDS = $(U, N, D)$，$P \subseteq C$，邻域关系 $N(P)$。那么

（1）NDF $\leqslant$ NPRC；

（2）NDF = NPRC，当邻域决策空间一致时。

证明：

（1）假设 NDS 中具有一致邻域的对象有 $n^{\mathrm{con}}$ 个，则 NDF = $n^{\mathrm{con}}/|U|$。

$$\mathrm{NPRC} = \frac{1}{|U|} \sum_{i=1}^{|U|} \sigma_{\mathrm{NPRC}}(u_i) = \frac{1}{|U|} \left( \sum_{i=1}^{n^{\mathrm{con}}} \sigma_{\mathrm{NPRC}}(u_i) + \sum_{i=n^{\mathrm{con}}+1}^{|U|} \sigma_{\mathrm{NPRC}}(u_i) \right)$$

$$= \frac{1}{|U|}(n^{\mathrm{con}} + \sum_{i=n^{\mathrm{con}}+1}^{|U|} \sigma_{\mathrm{NPRC}}(u_i))$$

$$= \mathrm{NDF} + \frac{1}{|U|} \sum_{i=n^{\mathrm{con}}+1}^{|U|} \sigma_{\mathrm{NPRC}}(u_i)$$

由于 $\sigma_{\mathrm{NPRC}}(u_i) \in [0, 1]$，所以 $\frac{1}{|U|} \sum_{i=n^{\mathrm{con}}+1}^{|U|} \sigma_{\mathrm{NPRC}}(u_i) \geqslant 0$，从而 NDF $\leqslant$ NPRC。证毕。

（2）当 NDS 一致时，$n^{\mathrm{con}} = |U|$。从而 NDF = NPRC = 1。证毕。

### 3.5.1.3　评估方法示例

下面举例比较说明上述四种属性评估方法的优劣。

【例 3-2】假设某给定的邻域决策空间是一个二维空间，空间中的对象可分为三类："+"表示决策值为 $d_1$ 的对象，"∗"表示决策值为 $d_2$ 的对象，"o"表示决策值为 $d_3$ 的对象。为了便于对比分析，我们只考察了五个对象 $x_1$，$x_2$，$x_3$，$x_4$，$x_5$ 的邻域情况，如图 3-2 所示。

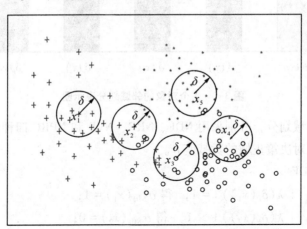

**图 3-2　某二维邻域决策空间的对象分布**

五个对象的邻域划分概率分布计算结果如下：

$\mathrm{NPP}(x_1) = \{(P(\delta_P^{d_1}(x_1)), d_1), (P(\delta_P^{d_2}(x_1)), d_2), (P(\delta_P^{d_3}(x_1)), d_3)\}$
$\qquad = \{(1, d_1), (0, d_2), (0, d_3)\}$

$\mathrm{NPP}(x_2) = \{(P(\delta_P^{d_1}(x_2)), d_1), (P(\delta_P^{d_2}(x_2)), d_2), (P(\delta_P^{d_3}(x_2)), d_3)\}$
$\qquad = \{(4/10, d_1), (3/10, d_2), (3/10, d_3)\}$

$\mathrm{NPP}(x_3) = \{(P(\delta_P^{d_1}(x_3)), d_1), (P(\delta_P^{d_2}(x_3)), d_2), (P(\delta_P^{d_3}(x_3)), d_3)\}$

$$= \{(5/10, d_1), (1/10, d_2), (4/10, d_3)\}$$

$$NPP(x_4) = \{(P(\delta_P^{d_1}(x_4)), d_1), (P(\delta_P^{d_2}(x_4)), d_2), (P(\delta_P^{d_3}(x_4)), d_3)\}$$

$$= \{(0, d_1), (2/15, d_2), (13/15, d_3)\}$$

$$NPP(x_5) = \{(P(\delta_P^{d_1}(x_5)), d_1), (P(\delta_P^{d_2}(x_5)), d_2), (P(\delta_P^{d_3}(x_5)), d_3)\}$$

$$= \{(0, d_1), (13/15, d_2), (2/15, d_3)\}$$

五个对象的邻域划分情况如图 3-3 所示:

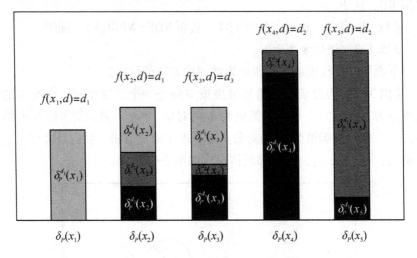

图 3-3　5 个对象的邻域划分表示图

根据邻域划分,分别采用 NDF、NRR、NVP 和 NPRC 四种评估方法计算 5 个对象对决策正域的贡献度 $\sigma$。

(1) NDF

对于 $x_1$:$|\lambda(\delta_P(x_1))| = 1$,得 $\sigma_{NDF}(x_1) = 1$;

对于 $x_2$:$|\lambda(\delta_P(x_2))| > 1$,得 $\sigma_{NDF}(x_2) = 0$;

对于 $x_3$:$|\lambda(\delta_P(x_3))| > 1$,得 $\sigma_{NDF}(x_3) = 0$;

对于 $x_4$:$|\lambda(\delta_P(x_4))| > 1$,得 $\sigma_{NDF}(x_4) = 0$;

对于 $x_5$:$|\lambda(\delta_P(x_5))| > 1$,得 $\sigma_{NDF}(x_5) = 0$。

因此,NDF 对决策正域的贡献度 $\sigma_{NDF} = 1$。*NDF* 只考虑了一致邻域而不考虑不一致邻域的情况,导致 $x_2$,$x_3$,$x_4$,$x_5$ 被忽视。

(2) NRR

对于 $x_1$:$|\lambda(\delta_P(x_1))| = 1$,得 $\sigma_{NRR}(x_1) = 1$;

对于 $x_2$:$|\lambda(\delta_P(x_2))| > 1$,$P(\delta_P^{d_1}(x_2)) > P(\delta_P^{d_2}(x_2))$,$P(\delta_P^{d_1}(x_2))$

$> P(\delta_P^{d_3}(x_2))$，得 $\sigma_{\text{NRR}}(x_2) = 1$；

对于 $x_3$：$|\lambda(\delta_P(x_3))| > 1$，$P(\delta_P^{d_3}(x_3)) < P(\delta_P^{d_1}(x_3))$，$P(\delta_P^{d_3}(x_3))$
$> P(\delta_P^{d_2}(x_3))$，得 $\sigma_{\text{NRR}}(x_3) = 0$；

对于 $x_4$：$|\lambda(\delta_P(x_4))| > 1$，$P(\delta_P^{d_2}(x_4)) > P(\delta_P^{d_1}(x_4))$，$P(\delta_P^{d_2}(x_4))$
$< P(\delta_P^{d_3}(x_4))$，得 $\sigma_{\text{NRR}}(x_4) = 0$；

对于 $x_5$：$|\lambda(\delta_P(x_5))| > 1$，$P(\delta_P^{d_2}(x_5)) > P(\delta_P^{d_1}(x_5))$，$P(\delta_P^{d_2}(x_5))$
$> P(\delta_P^{d_3}(x_5))$，得 $\sigma_{\text{NRR}}(x_5) = 1$。

因此，NRR 对决策正域的贡献度 $\sigma_{\text{NRR}} = 3$。NRR 采用相对多数决策原则，把不一致邻域 $\delta_P(x_2)$ 和 $\delta_P(x_5)$ 当作一致邻域，从而 $x_2$ 和 $x_5$ 被划归为正域对象。考察 $x_2$ 和 $x_3$，我们发现，$x_2$ 和 $x_3$ 有相同的邻域对象数量（$|\delta_P(x_2)| = |\delta_P(x_3)| = 10$）和相同的支持对象数量（$|\delta_P^{d_1}(x_2)| = |\delta_P^{d_3}(x_3)| = 4$），但 $x_2$ 被划归为正域对象，而 $x_3$ 被视为非正域对象。显然，NRR 存在不合理的地方。

（3）NVP（设 $\beta = 0.5$）

对于 $x_1$：$|\lambda(\delta_P(x_1))| = 1$，得 $\sigma_{\text{NVP}}(x_1) = 1$；

对于 $x_2$：$|\lambda(\delta_P(x_2))| > 1$，$P(\delta_P^{d_1}(x_2)) < \beta$，得 $\sigma_{\text{NVP}}(x_2) = 0$；

对于 $x_3$：$|\lambda(\delta_P(x_3))| > 1$，$P(\delta_P^{d_3}(x_3)) < \beta$，得 $\sigma_{\text{NVP}}(x_3) = 0$；

对于 $x_4$：$|\lambda(\delta_P(x_4))| > 1$，$P(\delta_P^{d_2}(x_4)) < \beta$，得 $\sigma_{\text{NVP}}(x_4) = 0$；

对于 $x_5$：$|\lambda(\delta_P(x_5))| > 1$，$P(\delta_P^{d_2}(x_5)) > \beta$，得 $\sigma_{\text{NVP}}(x_5) = 1$。

因此，NVP 对决策正域的贡献度 $\sigma_{\text{NVP}} = 2$。NVP 采用绝对多数决策原则，把不一致邻域 $\delta_P(x_5)$ 当作一致邻域，从而 $x_5$ 被划归为正域对象。显然，NVP 所得结果介于 NDF 与 NRR 之间，比 NDF 宽松，比 NRR 严格。

（4）NPRC

对于 $x_1$：$|\lambda(\delta_P(x_1))| = 1$，得 $\sigma_{\text{NPRC}}(x_1) = 1.000\,0$；

对于 $x_2$：$|\lambda(\delta_P(x_2))| > 1$，得 $\sigma_{\text{NPRC}}(x_2) = 0.003\,5$；

对于 $x_3$：$|\lambda(\delta_P(x_3))| > 1$，得 $\sigma_{\text{NPRC}}(x_3) = 0.056\,5$；

对于 $x_4$：$|\lambda(\delta_P(x_4))| > 1$，得 $\sigma_{\text{NPRC}}(x_4) = 0.130\,1$；

对于 $x_5$：$|\lambda(\delta_P(x_5))| > 1$，得 $\sigma_{\text{NPRC}}(x_5) = 0.846\,0$。

因此，NPRC 对决策正域的贡献度 $\sigma_{\text{NPRC}} = 2.036\,1$。NPRC 利用邻域结构信息来刻画邻域对决策正域的贡献程度，其取值为 $[0,1]$，可真实地反映属性的分类能力。例如，$x_2$ 和 $x_3$ 虽然有相同的焦点子区概率

（ $P(\delta_P^{d_1}(x_2)) = 4/10$ ， $P(\delta_P^{d_3}(x_3)) = 4/10$ ），但由于 $x_2$ 的邻域划分比 $x_3$ 均匀，使得 $x_2$ 的邻域划分不确定度比 $x_3$ 大，因此 $\sigma_{\text{NPRC}}(x_2) < \sigma_{\text{NPRC}}(x_3)$ ； $x_4$ 和 $x_5$ 的邻域划分是相同的，但由于 $x_4$ 的焦点子区概率（ $P(\delta_P^{d_2}(x_4)) = 2/15$ ）小于 $x_5$ 的焦点子区概率（ $P(\delta_P^{d_2}(x_5)) = 13/15$ ），因此， $\sigma_{\text{NPRC}}(x_4) < \sigma_{\text{NPRC}}(x_5)$ 。可见，NPRC 对属性的评估比 NDF、NRR 和 NVP 更客观、更准确。

### 3.5.2　UB-tree 模型

邻域是邻域粗糙集模型的基本信息粒，邻域的计算效率直接决定了特征选择算法的计算效率。从 3.5.1 节的分析可知，邻域正域确定度是论域上所有对象对决策正域的贡献度的总和。由于具有一致邻域的对象对决策正域的贡献度为 1，因此对这类对象无须知道其邻域的具体内容，只需统计其数量即可。基于这种考虑，我们提出以计算不一致邻域为目的的不平衡二叉树模型（unbalanced binary tree，UB-tree），UB-tree 模型在特征选择算法中扮演着重要的角色。

#### 3.5.2.1　相关概念和性质

【定义 3-17】给定邻域决策空间 NDS = $(U,\ N,\ D)$ ， $P \subseteq C$ ，邻域关系 $N(P)$ 。那么 $N(P)$ 在 $U$ 上决定的所有邻域的集合，称为 $P$ 在 $U$ 上的邻域粒子集 $\Omega_P$ ，

$$\Omega_P = \{\delta_P(u) \mid u \in U\} \tag{3-46}$$

$\Omega_P$ 中所有一致邻域粒子组成的集合，称为 $\Omega_P$ 的一致邻域粒子集 $\Omega_P^{\text{con}}$ ，

$$\Omega_P^{\text{con}} = \{\delta_P(u) \in \Omega_P \mid |\ \lambda(\delta_P(u))\ | = 1\} \tag{3-47}$$

$\Omega_P$ 中所有不一致邻域粒子组成的集合，称为 $\Omega_P$ 的不一致邻域粒子集 $\Omega_P^{\text{inc}}$ ，

$$\Omega_P^{\text{inc}} = \{\delta_P(u) \in \Omega_P \mid |\ \lambda(\delta_P(u))\ | > 1\} \tag{3-48}$$

【性质 3-6】 $\Omega_P = \Omega_P^{\text{con}} \cup \Omega_P^{\text{inc}}$ ， $\Omega_P^{\text{con}} \cap \Omega_P^{\text{inc}} = \{\varnothing\}$ 。

【定义 3-18】给定邻域决策空间 NDS = $(U,\ N,\ D)$ ， $P \subseteq C$ ， $a \in C - P$ ， $u \in U$ ， $\delta_P(u) \in \Omega_P$ 。那么 $u$ 在增维算子 $\vartheta$ 下计算得到的邻域 $\vartheta(\delta_P(u),\ a)$ 可定义为

$$\vartheta(\delta_P(u),\ a) = \{v \in \delta_P(u) \mid \rho_{P \cup |a|}(u,\ v) \leqslant \delta\} \tag{3-49}$$

【性质 3-7】如果 $\delta_P(u) \in \Omega_P^{\text{con}}$ ，那么 $\vartheta(\delta_P(u),\ a)$ 是一致邻域。

【定义 3-19】给定邻域决策空间 NDS = $(U, N, D)$，$P \subseteq C$，$a \in C - P$，$X \subseteq U$，$\Theta_P \subseteq \Omega_P$，且 $\Theta_P = \{\delta_P(u) \mid u \in X\}$。那么 $\Theta_P$ 在增维算子 $\psi$ 下计算得到的邻域粒子集 $\psi(\Theta_P, a)$ 可定义为

$$\psi(\Theta_P, a) = \{\vartheta(\delta_P(u), a) \mid \delta_P(u) \in \Theta_P\} \qquad (3\text{-}50)$$

$\psi(\Theta_P, a)$ 中所有一致邻域粒子组成的集合，称为 $\psi(\Theta_P, a)$ 的一致邻域粒子集 $\psi^{con}(\Theta_P, a)$，

$$\psi^{con}(\Theta_P, a) = \{\vartheta(\delta_P(u), a) \in \psi(\Theta_P, a) \mid |\lambda(\vartheta(\delta_P(u), a))| = 1\}$$
$$(3\text{-}51)$$

$\psi(\Theta_P, a)$ 中所有不一致邻域粒子组成的集合，称为 $\psi(\Theta_P, a)$ 的一致邻域粒子集 $\psi^{inc}(\Theta_P, a)$，

$$\psi^{inc}(\Theta_P, a) = \{\vartheta(\delta_P(u), a) \in \psi(\Theta_P, a) \mid |\lambda(\vartheta(\delta_P(u), a))| > 1\}$$
$$(3\text{-}52)$$

【性质 3-8】给定邻域决策空间 NDS = $(U, N, D)$，$P \subseteq C$，$a \in C - P$，$\Theta_P \subseteq \Omega_P^{con}$。那么 $\psi^{con}(\Theta_P, a) = \psi(\Theta_P, a)$，$\psi^{inc}(\Theta_P, a) = \{\varnothing\}$。

证明：$\Theta_P \subseteq \Omega_P^{con}$，则 $\delta_P(u) \in \Theta_P$ 是一致邻域。由性质 3-7 可知，$\vartheta(\delta_P(u), a)$ 也是一致邻域。于是，$\psi(\Theta_P, a) = \{\vartheta(\delta_P(u), a) \mid \delta_P(u) \in \Theta_P\}$ 是一个一致邻域粒子集，即对于任何 $\vartheta(\delta_P(u), a) \in \psi(\Theta_P, a)$，有 $|\lambda(\vartheta(\delta_P(u), a))| = 1$。因此，

$$\psi^{con}(\Theta_P, a) = \{\vartheta(\delta_P(u), a) \in \psi(\Theta_P, a) \mid |\lambda(\vartheta(\delta_P(u), a))| = 1\}$$
$$= \psi(\Theta_P, a),$$

$$\psi^{inc}(\Theta_P, a) = \{\vartheta(\delta_P(u), a) \in \psi(\Theta_P, a) \mid |\lambda(\vartheta(\delta_P(u), a))| > 1\}$$
$$= \{\varnothing\}。命题得证。$$

【性质 3-9】给定邻域决策空间 NDS = $(U, N, D)$，$P \subseteq C$，$a \in C - P$。那么 $\Omega_{P \cup \{a\}}^{inc} = \psi^{inc}(\Omega_P, a)$。

证明：

$$\Omega_{P \cup \{a\}}^{inc} = \{\vartheta(\delta_P(u), a) \in \Omega_{P \cup \{a\}} \mid |\lambda(\vartheta(\delta_P(u), a))| > 1\}$$

$$= \{\vartheta(\delta_P(u), a) \in \psi(\Omega_P, a) \mid |\lambda(\vartheta(\delta_P(u), a))| > 1\}$$

$$= \{\vartheta(\delta_P(u), a) \in \psi(\Omega_P^{con}, a) \cup \psi(\Omega_P^{inc}, a) \mid |\lambda(\vartheta(\delta_P(u), a))| > 1\}$$

$$= \{\vartheta(\delta_P(u), a) \in \psi(\Omega_P^{con}, a) \mid |\lambda(\vartheta(\delta_P(u), a))| > 1\} \cup$$
$$\{\vartheta(\delta_P(u), a) \in \psi(\Omega_P^{inc}, a) \mid |\lambda(\vartheta(\delta_P(u), a))| > 1\}$$

$$= \psi^{\mathrm{inc}}(\Omega_P^{\mathrm{con}}, \ a) \cup \psi^{\mathrm{inc}}(\Omega_P^{\mathrm{inc}}, \ a)$$

$$= \psi^{\mathrm{inc}}(\Omega_P^{\mathrm{inc}}, \ a)$$

因此，$\Omega_{P \cup \{a\}}^{\mathrm{inc}} = \psi^{\mathrm{inc}}(\Omega_P^{\mathrm{inc}}, \ a)$，命题得证。

### 3.5.2.2　UB-tree 模型

二叉树是一种特殊的树模型，最多有两个子节点，通常称为左子节点和右子节点。如果一个二叉树不平衡地扩展，如左子节点全为叶节点而右子节点持续生长，或者右子节点全为叶节点而左子节点持续生长，这样的二叉树称为不平衡二叉树（unbalanced binary tree, UB-tree）。

给定邻域决策空间 NDS = $(U, \ N, \ D)$，$P \subseteq C$ 且 $P = \{a_1, \ a_2, \ \cdots, \ a_m\}$。如果我们把一致邻域粒子集和不一致邻域粒子集分别看作二叉树的左子节点和右子节点，那么通过以下的步骤可以构造一棵左子节点为叶节点而右子节点不断生长的不平衡二叉树。具体构造方法如下：

（1）确定根节点。论域 $U$ 可以看成条件属性集为空情况下对象的邻域，即 $\forall u \in U$，$\delta_\varnothing = U$，于是在条件属性集为空时的邻域粒子集 $\Omega_\varnothing = \{\delta_\varnothing(u) \mid u \in U\}$。由于 $\mid \lambda(U) \mid > 1$，说明每个对象的邻域都是不一致邻域，从而 $\Omega_\varnothing^{\mathrm{inc}} = \Omega_\varnothing$，$\Omega_\varnothing^{\mathrm{con}} = \{\varnothing\}$。因此，把 $\Omega_\varnothing^{\mathrm{inc}}$ 作为 UB-tree 的根节点。

（2）计算单属性下的节点。设 $P_1 = \{a_1\}$，则在 $P_1$ 下 UB-tree 的左子节点 $\Omega_{P_1}^{\mathrm{con}}$ 和右子节点 $\Omega_{P_1}^{\mathrm{inc}}$ 分别为 $\Omega_{P_1}^{\mathrm{con}} = \psi^{\mathrm{con}}(\Omega_\varnothing^{\mathrm{inc}}, \ a_1)$，$\Omega_{P_1}^{\mathrm{inc}} = \psi^{\mathrm{inc}}(\Omega_\varnothing^{\mathrm{inc}}, \ a_1)$。从性质 3-8 可知，一致邻域粒子集在增维算子 $\psi$ 下计算所得的新邻域粒子集也是一致邻域粒子集，换句话说，只有不一致邻域粒子集在增维算子 $\psi$ 下可能产生新的不一致邻域粒子集。因此，$\Omega_{P_1}^{\mathrm{con}}$ 在增维算子 $\psi$ 下所得的邻域粒子集都是一致邻域粒子集，把 $\Omega_{P_1}^{\mathrm{con}}$ 作为 UB-tree 的一个叶节点，称为一致叶节点，不再生长；而 $\Omega_{P_1}^{\mathrm{inc}}$ 在增维算子 $\psi$ 下可以产生一致邻域粒子集和不一致邻域粒子集，因此，把 $\Omega_{P_1}^{\mathrm{inc}}$ 作为 UB-tree 的一个父节点（或中间节点），称为不一致节点，参与后续的增维操作。

（3）计算两个属性下的节点。设 $P_2 = \{a_1, \ a_2\}$，根据性质 3-9，在 $P_2$ 下 UB-tree 的左子节点 $\Omega_{P_2}^{\mathrm{con}}$ 和右子节点 $\Omega_{P_2}^{\mathrm{inc}}$ 分别为 $\Omega_{P_2}^{\mathrm{con}} = \psi^{\mathrm{con}}(\Omega_{P_1}^{\mathrm{inc}}, \ a_2)$，$\Omega_{P_2}^{\mathrm{inc}} = \psi^{\mathrm{inc}}(\Omega_{P_1}^{\mathrm{inc}}, \ a_2)$。类似地，把 $\Omega_{P_2}^{\mathrm{con}}$ 作为一致叶节点，$\Omega_{P_2}^{\mathrm{inc}}$ 作为父节点，继续生长。

（4）计算多属性下的节点。设 $P_k = \{a_1, \ a_2, \ \cdots, \ a_k\}$，则在 $P_k$ 下 UB-tree 的左子节点 $\Omega_{P_k}^{\mathrm{con}}$ 和右子节点 $\Omega_{P_k}^{\mathrm{inc}}$ 分别为 $\Omega_{P_k}^{\mathrm{con}} = \psi^{\mathrm{con}}(\Omega_{P_{k-1}}^{\mathrm{inc}}, \ a_k)$，$\Omega_{P_k}^{\mathrm{inc}}$

$= \psi^{\mathrm{inc}}(\varOmega_{P_{k-1}}^{\mathrm{inc}}, a_k)$。其中 $\varOmega_{P_k}^{\mathrm{con}}$ 为一致叶节点，$\varOmega_{P_k}^{\mathrm{inc}}$ 为父节点。当 $k = m$ 时，可得在 $P_m$ 下 UB-tree 的左子节点 $\varOmega_{P_m}^{\mathrm{con}}$ 和右子节点 $\varOmega_{P_m}^{\mathrm{inc}}$ 分别为 $\varOmega_{P_m}^{\mathrm{con}} = \psi^{\mathrm{con}}(\varOmega_{P_{m-1}}^{\mathrm{inc}}, a_m)$，$\varOmega_{P_m}^{\mathrm{inc}} = \psi^{\mathrm{inc}}(\varOmega_{P_{m-1}}^{\mathrm{inc}}, a_m)$。此时，$\varOmega_{P_m}^{\mathrm{inc}}$ 为叶节点，称为不一致叶节点。

构造 UB-tree 的整个过程如图 3-4 所示。

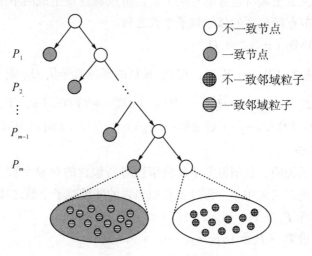

图 3-4　UB-tree 模型

UB-tree 模型有如下性质：

（1）$|\mathrm{POS}_{P_k}(\pi_D)| = \sum\limits_{i=1}^{k} |\varOmega_{P_i}^{\mathrm{con}}|$。

证明：设 $P_k = \{a_1, a_2, \cdots, a_k\}$，根据 UB-tree 模型，在 $P_k$ 下 $U$ 的一致邻域粒子集可表示为 $\widehat{\varOmega}_{P_k}^{\mathrm{con}} = f_{k-1}(\varOmega_{P_1}^{\mathrm{con}}) \cup f_{k-2}(\varOmega_{P_2}^{\mathrm{con}}) \cup \cdots \cup f_1(\varOmega_{P_{k-1}}^{\mathrm{con}}) \cup \varOmega_{P_k}^{\mathrm{con}}$，其中 $f_{k-1}(\varOmega_{P_1}^{\mathrm{con}}) = \psi(\cdots(\psi(\psi(\varOmega_{P_1}^{\mathrm{con}}, a_2), a_3), \cdots), a_k)$，$f_{k-2}(\varOmega_{P_2}^{\mathrm{con}}) = \psi(\cdots(\psi(\psi(\varOmega_{P_2}^{\mathrm{con}}, a_3), a_4), \cdots), a_k)$，$\cdots$，$f_1(\varOmega_{P_{k-1}}^{\mathrm{con}}) = \psi(\varOmega_{P_{k-1}}^{\mathrm{con}}, a_k)$。由于 $f_{k-1}(\varOmega_{P_1}^{\mathrm{con}})$ 和 $\varOmega_{P_1}^{\mathrm{con}}$，$f_{k-2}(\varOmega_{P_2}^{\mathrm{con}})$ 和 $\varOmega_{P_2}^{\mathrm{con}}$，$\cdots$，$f_1(\varOmega_{P_{k-1}}^{\mathrm{con}})$ 和 $\varOmega_{P_{k-1}}^{\mathrm{con}}$ 都是一致邻域集且有相同的正域对象，即 $|f_{k-1}(\varOmega_{P_1}^{\mathrm{con}})| = |\varOmega_{P_1}^{\mathrm{con}}|$，$|f_{k-2}(\varOmega_{P_2}^{\mathrm{con}})| = |\varOmega_{P_2}^{\mathrm{con}}|$，$\cdots$，$|f_1(\varOmega_{P_{k-1}}^{\mathrm{con}})| = |\varOmega_{P_{k-1}}^{\mathrm{con}}|$。从而

$$|\mathrm{POS}_{P_k}(\pi_D)| = |\widehat{\varOmega}_{P_k}^{\mathrm{con}}| = |f_{k-1}(\varOmega_{P_1}^{\mathrm{con}}) \cup f_{k-2}(\varOmega_{P_2}^{\mathrm{con}}) \cup \cdots \cup f_1(\varOmega_{P_{k-1}}^{\mathrm{con}}) \cup \varOmega_{P_k}^{\mathrm{con}}|$$
$$= |f_{k-1}(\varOmega_{P_1}^{\mathrm{con}})| \cup |f_{k-2}(\varOmega_{P_2}^{\mathrm{con}})| \cup \cdots \cup |f_1(\varOmega_{P_{k-1}}^{\mathrm{con}})| \cup |\varOmega_{P_k}^{\mathrm{con}}|$$
$$= |\varOmega_{P_1}^{\mathrm{con}}| \cup |\varOmega_{P_2}^{\mathrm{con}}| \cup \cdots \cup |\varOmega_{P_{k-1}}^{\mathrm{con}}| \cup |\varOmega_{P_k}^{\mathrm{con}}|$$

$$= \sum_{i=1}^{k} \left| \Omega_{P_i}^{\mathrm{con}} \right|$$

因此，$\left| \mathrm{POS}_{P_k}(\pi_D) \right| = \sum_{i=1}^{k} \left| \Omega_{P_i}^{\mathrm{con}} \right|$，证毕。

这个性质说明，UB-tree 的一致节点实际上描述了决策正域信息。某属性集下的决策正域所包含的对象个数是由该属性集生成的不平衡二叉树中所有一致节点所包含的邻域粒子个数之和。

（2）$\left| \mathrm{BND}_{P_k}(\pi_D) \right| = \left| \Omega_{P_k}^{\mathrm{inc}} \right|$。

证明：根据 UB-tree 模型，在 $P_k$ 下 $U$ 的邻域粒子集 $\widehat{\Omega}_{P_k}$ 满足 $\left| \widehat{\Omega}_{P_k} \right| = \left| \widehat{\Omega}_{P_k}^{\mathrm{con}} \right| + \left| \widehat{\Omega}_{P_k}^{\mathrm{inc}} \right|$，其中 $\left| \widehat{\Omega}_{P_k} \right| = \left| U \right|$，$\left| \widehat{\Omega}_{P_k}^{\mathrm{con}} \right| = \left| \mathrm{POS}_{P_k}(\pi_D) \right|$，$\left| \widehat{\Omega}_{P_k}^{\mathrm{inc}} \right| = \left| \Omega_{P_k}^{\mathrm{inc}} \right|$。又 $\left| \mathrm{POS}_{P_k}(\pi_D) \right| + \left| \mathrm{BND}_{P_k}(\pi_D) \right| = \left| U \right|$，从而，$\left| \mathrm{BND}_{P_k}(\pi_D) \right| = \left| \Omega_{P_k}^{\mathrm{inc}} \right|$。证毕。

这个性质说明，某属性集下的决策边界所包含的对象个数是该属性集生成的不平衡二叉树中不一致叶节点所包含的邻域粒子个数之和。

（3）如果 $P_i \subseteq P_j$，那么 $\left| \Omega_{P_j}^{\mathrm{inc}} \right| \leqslant \left| \Omega_{P_i}^{\mathrm{inc}} \right|$。

证明：设 $P_j - P_i = \{a_1, a_2, \cdots, a_j\}$，则

$$
\begin{aligned}
\left| \Omega_{P_j}^{\mathrm{inc}} \right| &= \left| \psi^{\mathrm{inc}}(\cdots(\psi^{\mathrm{inc}}(\psi^{\mathrm{inc}}(\Omega_{P_i}^{\mathrm{inc}}, a_{i+1}), a_{i+2}), \cdots), a_j) \right| \\
&\leqslant \left| \psi^{\mathrm{inc}}(\cdots(\psi^{\mathrm{inc}}(\psi^{\mathrm{inc}}(\Omega_{P_i}^{\mathrm{inc}}, a_{i+1}), a_{i+2}), \cdots), a_{j-1}) \right| \\
&\cdots \\
&\leqslant \left| \psi^{\mathrm{inc}}(\Omega_{P_i}^{\mathrm{inc}}, a_{i+1}) \right| \\
&\leqslant \left| \Omega_{P_i}^{\mathrm{inc}} \right|
\end{aligned}
$$

从而 $\left| \Omega_{P_j}^{\mathrm{inc}} \right| \leqslant \left| \Omega_{P_i}^{\mathrm{inc}} \right|$。证毕。

这个性质说明，不平衡二叉树中的不一致节点所在的层次越深，规模越小；当不一致节点是叶节点时，其规模最小。

### 3.5.2.3 UBNC 算法

根据以上分析，我们提出基于 UB-tree 模型的邻域计算算法（UB-tree based neighborhood calculation，UBNC）。UBNC 算法的具体过程如表 3-1 所示。

UBNC 的优势在于：①每个不一致节点都是利用增维算子对其父亲不一致节点计算得来的，从而大大减少了计算量；②一致节点不参与后续增维操作，使得计算的论域越来越小，从而提高了计算效率；③只需遍历一次属性集便可得到一系列的不一致节点。这些优势有利于提高特征选择算法的计算性能。

表 3-1 UBNC 算法

| 输入 | | |
|---|---|---|
| $U$ | 样本集，$U = \{u_1, u_2, \cdots, u_n\}$ | |
| $C$ | 条件属性集，$C = \{c_1, c_2, \cdots, c_m\}$ | |
| $D$ | 决策属性集，$D = \{d\}$ | |
| $\delta$ | 邻域半径 | |
| 输出 | | |
| $\Omega_C^{inc}$ | 不一致邻域粒子集 | |
| $n_{pos}$ | 正域对象个数 | |

```
ProcedureUBNC ( U, C, D, δ )
    P = ∅, n_pos = 0
    Ω_P^inc = {δ_P(u) | u ∈ U}  /* 作为不平衡二叉树根节点 */
    /* 不断将节点 Ω_P^inc 分裂为一致节点和新的不一致节点，生长不平衡二叉树 */
    for each a_k ∈ C  do   /* 遍历整个属性 */
        for each δ_P(u_i) ∈ Ω_P^inc do   /* 遍历节点的所有邻域粒子 */
            n Support Obj = 0   /* 支持对象数量 */
            for each   u_j ∈ δ_P(u_i) do   /* 遍历邻域对象 */
                if   f(u_j, a_k) = f(u_i, a_k) or ρ_{P∪{a_k}}(u_j, u_i) ≤ δ then  /* 保留该对
象 */
                    if   f(u_j, d) = f(u_i, d) then n Support Obj ++
                        else { }
                else   /* 删除该对象 */
                    delete u_j from δ_P(u_i)
            end for
            if n Support Obj = | δ_P(u_i) | then   /* δ_P(u_i) 是一致邻域 */
                n_pos ++
                delete δ_P(u_i) from Ω_P^inc
            else { }   /* δ_P(u_i) 是不一致邻域 */
        end for
            P = P ∪ {a_k}
    end for
    Output Ω_P^inc and n_pos
End Procedure
```

### 3.5.3 NPFS 算法

计算效率高和分类质量好是特征选择算法追求的目标。为此，基于 NPDM 模型，采用 UB-tree 模型来计算邻域，采用 NPRC 来评估属性的分类能力，可建立一个新的特征选择算法（NPDM based feature selection，NPFS）。

【定义 3-20】给定邻域决策空间 NDS = $(U, N, D)$，$P \subseteq C$，$a \in C -$

$P$。那么属性 $a$ 相对于决策属性集 $D$ 的重要度可定义为

$$\text{Sig}(a,\ P,\ D) = \text{NPRC}_{P \cup \{a\}} - \text{NPRC}_P \qquad (3\text{-}53)$$

属性重要度反映了增加一个属性后 NPRC 的变化情况。NPRC 的增量越大，说明该属性越重要。因此，NPFS 算法选择重要度最大的属性作为启发信息。

NPFS 算法采用贪心搜索策略，从空集开始，不断地增加属性重要度最大的属性，直到增加任何属性，NPRC 都不再增长。考虑到计算过程中的截断误差，引入了参数 $\varepsilon$；如果 NPRC 的增量值在 $\varepsilon$ 范围内，那么认为 NPRC 不再增长了。NPFS 算法的具体过程如表 3-2 所示。

表 3-2　NPFS 算法

| |
| --- |
| 输入 |
|  $U$　　样本集，$U = \{u_1,\ u_2,\ \cdots,\ u_n\}$ |
|  $C$　　条件属性集，$C = \{a_1,\ a_2,\ \cdots,\ a_m\}$ |
|  $D$　　决策属性集，$D = \{d\}$ |
|  $\delta$　　邻域半径 |
| 输出 |
|  red　　约简 |

| |
| --- |
| Procedure NPFS $(U,\ C,\ D,\ \delta)$ |
|  red $= \varnothing$ |
|  $\Omega_{\text{red}}^{\text{inc}} = \{\delta_{\text{red}}(u) \mid u \in U\}$ /*作为不平衡二叉树根节点*/ |
|  $\text{NPRC}_{\text{red}} = 0$ |
|  while red $\neq C$ |
|   /*遍历未使用过的每个属性，计算它的重要度*/ |
|   for each $a_k \in C - \text{red}$ |
|    $\Omega_{\text{red} \cup \{a_k\}}^{\text{inc}} = \Omega_{\text{red}}^{\text{inc}}$ |
|    $\text{NPRC}_{\text{red} \cup \{a_k\}} = 0$ |
|    /*遍历邻域粒子，更新节点*/ |
|    for each $\delta_{\text{red} \cup \{a_k\}}(u_i) \in \Omega_{\text{red} \cup \{a_k\}}^{\text{inc}}$ do |
|     /*邻域子区的对象数量初值化为 0*/ |
|     for each $d_i \in V_d$ do |
|      $\mid \delta_{\text{red} \cup \{a_k\}}^{d_i}(u_i) \mid = 0$ |
|     end for |
|     /*遍历邻域对象，更新邻域*/ |
|     for each $u_j \in \delta_{\text{red} \cup \{a_k\}}(u_i)$ do |
|      /*保留该对象，计算邻域子区的对象数量*/ |
|      if $f(u_j,\ a_k) = f(u_i,\ a_k)$ or $\rho_{\text{red} \cup \{a_k\}}(u_j,\ u_i) \leqslant \delta$　　then |
|       for each $d_i \in V_d$ do |
|        if $f(u_j,\ d) = d_i$ then $\mid \delta_{\text{red} \cup \{a_k\}}^{d_i}(u_i) \mid ++$ |

表3-2(续)

/ * 从邻域中删除该对象 * /

else $\{ delete\ u_j\ from\ \delta_{red \cup \lfloor a_k \rfloor}(u_i) \}$

end for

/ * $\delta_{red \cup \lfloor a_k \rfloor}(u_i)$ 是一致邻域,从节点中删除它 * /

if $| \delta_{red \cup \lfloor a_k \rfloor}^{f(u_i,\ d)}(u_i) | = | \delta_{red \cup \lfloor a_k \rfloor}(u_i) |$ then

$\sigma_{NPRC}(u_i) = 1$

delete $\delta_{red \cup \lfloor a_k \rfloor}(u_i)$ from $\Omega_{red \cup \lfloor a_k \rfloor}^{inc}$ $\}$

/ * $\delta_{red \cup \lfloor a_k \rfloor}(u_i)$ 是不一致邻域,计算邻域正域隶属度 * /

else

$\sigma_{NPRC}(u_i) = P(\delta_{red \cup \lfloor a_k \rfloor}^{f(u_i,\ d)}(u_i)) \cdot (1 - NPU(u_i))$

$NPRC_{red \cup \lfloor a_k \rfloor} = NPRC_{red \cup \lfloor a_k \rfloor} + \sigma_{NPRC}(u_i)$

end for

/ * 计算邻域正域确定度 * /

$NPRC_{red \cup \lfloor a_k \rfloor} = NPRC_{red \cup \lfloor a_k \rfloor} / | U |$

/ * 计算属性重要度 * /

$Sig(a_k,\ red,\ D) = NPRC_{red \cup \lfloor a_k \rfloor} - NPRC_{red}$

end for

/ * 选择最优的属性来使不平衡二叉树生长 * /

$Sig(a_{opt},\ red,\ D) = max\{Sig(a_k,\ red,\ D) | a_k \in C - red\}$

if $Sig(a_{opt},\ red,\ D) > \varepsilon$

$red = red \cup \{a_{opt}\}$

$\Omega_{red}^{inc} = \Omega_{red \cup \lfloor a_{opt} \rfloor}^{inc}$

$\Omega_{red}^{inc} = \Omega_{red \cup \lfloor a_k \rfloor}^{inc}$

$NPRC_{red} = NPRC_{red \cup \lfloor a_{opt} \rfloor}$

/ * 找到了约简 * /

else

break while

end while

Output red

End Procedure

假设论域中有 $n^{pos}$ 个对象是正域对象,算法最终选出了 $k$ 个属性,每进行一次增维操作有 $n^{pos}/k$ 个对象划归为正域对象,那么算法实际的计算时间为:$mnlogn + (m-1)(n - n^{pos}/k)logn + \cdots + (m - k)(n - n^{pos})logn$。

NPFS 算法的特点在于:①NPFS 算法基于 NPDM 模型,对象的类别取决于该对象的邻域划分信息,与决策类无关;②NPFS 算法采用 UB-tree 模型计算邻域粒子,提升了 NPFS 算法的计算效率;③NPFS 算法采用 NPRC

来评估属性，使得选择出的约简具有更好的分类质量。NPFS 算法的这些特性，可在 3.6 节的实验中得到验证。

## 3.6　实验分析

为了验证 NPFS 算法的有效性和高效性，实验采用了从 UCI 机器学习数据库[94]中选取的 10 个数据集进行仿真实验（参见表 3-3）。所有数据集在使用之前都经过以下处理：①对符号型属性的未知值用-1 表示，其他值用正整数表示；②对数值型数据的线性标准化转换，取值为区间 [0，1]。实验内容包括邻域半径的选择实验、邻域正域确定度的有效性实验、特征选择算法的对比实验。

表 3-3　UCI 数据集描述

| 序号 | 数据集 | 样本个数 | 属性个数 | 类别 |
|---|---|---|---|---|
| 1 | Ecoli | 336 | 7 | 8 |
| 2 | Glass | 214 | 9 | 7 |
| 3 | Heart | 270 | 13 | 2 |
| 4 | Iris | 150 | 4 | 3 |
| 5 | Seeds | 210 | 7 | 3 |
| 6 | Transfusion | 748 | 4 | 2 |
| 7 | Vertebral Column | 310 | 6 | 2 |
| 8 | Wine | 178 | 13 | 3 |
| 9 | WPDC | 198 | 33 | 2 |
| 10 | Yeast | 1 484 | 8 | 10 |

### 3.6.1　确定邻域半径的取值范围

邻域半径决定了邻域决策空间的邻域粒度，不同的邻域半径会得到不同的邻域粒度，而不同的邻域粒度会产生不同的特征子集。如何选择适当的邻域半径，使得特征选择算法选出的特征子集具有较高的分类精度，是本书要解决的主要问题。

利用表 3-3 所示的 10 个 UCI 数据集，可以计算出邻域半径取值从 0.01 到 0.5（递增步长为 0.01）的邻域正域确定度值和在分类器 J48、JRIP 和 PART 下的分类精度，利用相关系数计算公式计算出邻域正域确定度和分类精度之间的相关系数，就建立起了邻域半径与相关系数之间的关系函数。结果如图 3-5 所示。

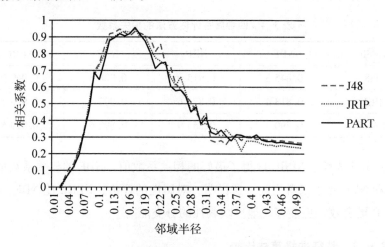

图 3-5　邻域半径与相关系数之间的关系函数

图 3-5 表明，邻域正域确定度与分类精度的相关性随着邻域半径的变化而变化，其总体趋势类似于抛物线。在邻域半径的某些取值区域，邻域正域确定度与分类精度的相关系数达到 0.9 以上，表明邻域正域确定度与分类精度具有很强的相关性，这也说明了邻域正域确定度作为属性的评价标准是可行的、有效的。

我们取相关系数不小于 0.9 对应的区间 ［0.11，0.19］ 为邻域半径的取值范围。由于 NDF 评估方法和基于 NDF 的特征选择算法（NDF based feature selection，NDFS）的 $\delta$ 取值为 0.14[121]，NRR 评估方法和基于 NRR 的特征选择算法（NRR based feature selection，NRFS）的 $\delta$ 取值为 0.14[118]，NVP 评估方法和基于 NVP 的特征选择算法（NVP based feature selection，NVFS）的 $\delta$ 取值为 0.14，$\beta$ 取值为 0.85[119]，因此，为便于比较，NPRC 评估方法和 NPFS 算法的 $\delta$ 取值为 0.14。在以下的实验中，如不做特别说明，$\delta = 0.14$，$\beta = 0.85$。

### 3.6.2 属性评估方法比较

为了验证 NPRC 属性评估方法的优越性，利用表 3-3 所示的 10 个 UCI 数据集，分别计算出在分类器 J48、JRIP 和 PART 下 NDF、NRR、NVP 和 NPRC 的相关系数，如表 3-4 所示。

表 3-4　四种属性评估方法的相关系数

| Classifier | NDF | NRR | NVP | NPRC |
|------------|---------|---------|---------|---------|
| J48 | 0.845 3 | 0.915 0 | 0.928 8 | 0.949 0 |
| JRIP | 0.813 4 | 0.877 6 | 0.903 1 | 0.923 1 |
| PART | 0.790 3 | 0.854 9 | 0.892 9 | 0.919 5 |

表 3-4 表明，NPRC 取得了最好的相关系数值，NDF 的相关系数最差，NRR 和 NVP 介于二者之间。这说明，对属性的评价，NPRC 比 NDF、NRR 和 NVP 更有效，更能客观地反映属性的分类能力。

### 3.6.3 特征选择算法比较

为了验证 NPFS 算法的有效性和高效性，我们将 NPFS 算法与 NDFS 算法、NRFS 算法和 NVFS 算法在所选特征子集、分类精度和运行时间等方面进行对比实验。

#### 3.6.3.1 特征子集及其基数比较

NPFS 算法、NDFS 算法、NRFS 算法和 NVFS 算法选出的特征子集及其基数分别如表 3-5 和表 3-6 所示。

表 3-5　四种算法选出的特征子集

| Dataset | NDFS | NRFS | NVFS | NPFS |
|---------|------|------|------|------|
| Ecoli | 1, 2, 3, 5, 6, 7 | 1, 2, 3, 5, 6, 7 | 1, 2, 3, 5, 6, 7 | 1, 2, 3, 5, 6, 7 |
| Glass | 1, 2, 3, 4, 5, 6, 7, 8, 9 | 1, 2, 3, 4, 5, 6, 7, 8, 9 | 1, 2, 3, 4, 5, 6, 7, 8, 9 | 1, 2, 3, 5, 6, 8, 9 |
| Heart | 1, 3, 4, 5, 7, 8, 10, 12, 13 | 1, 2, 3, 4, 8, 10, 12, 13 | 1, 3, 4, 5, 7, 8, 10, 12, 13 | 1, 2, 3, 4, 8, 10, 12, 13 |
| Iris | 1, 2, 3, 4 | 1, 2, 3, 4 | 1, 2, 3, 4 | 1, 2, 3, 4 |

表3-5(续)

| Dataset | NDFS | NRFS | NVFS | NPFS |
|---|---|---|---|---|
| Seeds | 1, 2, 3, 4, 5, 6, 7 | 1, 2, 3, 4, 5, 6, 7 | 1, 3, 4, 6, 7 | 1, 3, 4, 6, 7 |
| Transfusion | 1, 2, 3, 4 | 1, 2, 3, 4 | 1, 2, 3, 4 | 1, 2, 3, 4 |
| Vertebral Column | 1, 2, 3, 4, 5, 6 | 1, 2, 3, 4, 5, 6 | 1, 2, 3, 4, 5, 6 | 1, 2, 3, 4, 5, 6 |
| Wine | 1, 2, 7, 8, 10, 13 | 1, 5, 7, 13 | 1, 3, 11, 12, 13 | 1, 7, 8, 13 |
| WPDC | 1, 4, 6, 10, 13, 21, 26 | 1, 6, 7, 22, 23, 33 | 1, 5, 6, 10, 12, 33 | 1, 2, 9, 12, 21, 26 |
| Yeast | 1, 2, 3, 4, 5, 6, 7, 8 | 1, 2, 3, 4, 5, 6, 7, 8 | 1, 2, 3, 4, 5, 6, 7, 8 | 1, 2, 3, 4, 5, 6, 7, 8 |

表3-6 四种算法选出的特征子集基数

| Dataset | NDFS | NRFS | NVFS | NPFS |
|---|---|---|---|---|
| Ecoli | 6 | 6 | 6 | 6 |
| Glass | 9 | 9 | 9 | 7 |
| Heart | 9 | 8 | 9 | 8 |
| Iris | 4 | 4 | 4 | 4 |
| Seeds | 7 | 7 | 5 | 5 |
| Transfusion | 4 | 4 | 4 | 4 |
| Vertebral Column | 6 | 6 | 6 | 6 |
| Wine | 6 | 4 | 5 | 4 |
| WPDC | 7 | 6 | 6 | 6 |
| Yeast | 8 | 8 | 8 | 8 |

从选择的特征子集来看,NPFS 算法在 10 个数据集上选择出的特征子集基数都小于或等于 NDFS 算法、NRFS 算法和 NVFS 算法选择出的特征子集基数。这表明,与 NDFS 算法、NRFS 算法和 NVFS 算法相比,NPFS 算法能够选择出基数更小的特征子集,说明 NPFS 算法在特征子集的选择方面要优于其他三种算法。

3.6.3.2 分类精度比较

利用 NPFS 算法、NDFS 算法、NRFS 算法和 NVFS 算法所选出特征子集分别在分类器 J48、JRIP 和 PART 下计算分类精度，实验结果如表 3-7、表 3-8 和表 3-9 所示。

表 3-7　四种算法在 J48 下的分类精度

| Dataset | NDFS | NRFS | NVFS | NPFS |
|---|---|---|---|---|
| Ecoli | 0.840 | 0.840 | 0.840 | 0.840 |
| Glass | 0.656 | 0.656 | 0.656 | 0.694 |
| Heart | 0.769 | 0.803 | 0.769 | 0.803 |
| Iris | 0.960 | 0.960 | 0.960 | 0.960 |
| Seeds | 0.919 | 0.919 | 0.919 | 0.919 |
| Transfusion | 0.769 | 0.769 | 0.769 | 0.769 |
| Vertebral Column | 0.812 | 0.812 | 0.812 | 0.812 |
| Wine | 0.919 | 0.938 | 0.926 | 0.938 |
| WPDC | 0.639 | 0.699 | 0.734 | 0.836 |
| Yeast | 0.552 | 0.552 | 0.552 | 0.552 |

表 3-8　四种算法在 JRIP 下的分类精度

| Dataset | NDFS | NRFS | NVFS | NPFS |
|---|---|---|---|---|
| Ecoli | 0.801 | 0.801 | 0.801 | 0.801 |
| Glass | 0.681 | 0.681 | 0.681 | 0.721 |
| Heart | 0.808 | 0.880 | 0.808 | 0.880 |
| Iris | 0.940 | 0.940 | 0.940 | 0.940 |
| Seeds | 0.905 | 0.905 | 0.905 | 0.905 |
| Transfusion | 0.769 | 0.769 | 0.769 | 0.769 |
| Vertebral Column | 0.810 | 0.810 | 0.810 | 0.810 |
| Wine | 0.883 | 0.905 | 0.899 | 0.916 |
| WPDC | 0.717 | 0.74 | 0.758 | 0.825 |
| Yeast | 0.575 | 0.575 | 0.575 | 0.575 |

表 3-9　四种算法在 PART 下的分类精度

| Dataset | NDFS | NRFS | NVFS | NPFS |
|---|---|---|---|---|
| Ecoli | 0.827 | 0.827 | 0.827 | 0.827 |
| Glass | 0.675 | 0.675 | 0.675 | 0.697 |
| Heart | 0.802 | 0.821 | 0.802 | 0.821 |
| Iris | 0.940 | 0.940 | 0.940 | 0.940 |
| Seeds | 0.928 | 0.915 | 0.928 | 0.928 |
| Transfusion | 0.775 | 0.775 | 0.775 | 0.775 |
| Vertebral Column | 0.799 | 0.799 | 0.799 | 0.799 |
| Wine | 0.934 | 0.944 | 0.916 | 0.958 |
| WPDC | 0.707 | 0.723 | 0.727 | 0.795 |
| Yeast | 0.552 | 0.552 | 0.552 | 0.552 |

从表 3-7、表 3-8 和表 3-9 可以看出，NPFS 算法在分类器 J48、JRIP 和 PART 下的分类精度几乎都好于其他三种算法的分类精度，说明 NPFS 算法在分类精度方面要优于其他三种算法。

### 3.6.3.3　运行时间比较

NPFS 算法、NDFS 算法、NRFS 算法和 NVFS 算法选择特征子集的时间消耗如图 3-6 所示。

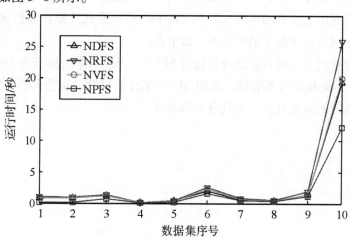

图 3-6　四种算法的运行时间比较

从图 3-6 可以看出，NPFS 曲线始终处于其他三条曲线的下方，说明在四个算法中，NPFS 算法的运行时间最少；在数据集 10（即数据集 Yeast），NPFS 曲线的取值明显要小于其他曲线的取值，说明当数据集的规模变大时，NDFS 算法、NRFS 算法和 NVFS 算法运行时间的增长比 NPFS 算法要快得多。实验结果表明，NPFS 算法在时间效率方面要优于其他三种算法。

## 3.7  小节

本章针对数值型和符号型数据的分类问题，提出了邻域划分的概念，研究了它的性质，并建立了邻域划分分类模型（NPDM）。邻域划分从决策分布的角度，详细刻画了邻域的具体内容；NPDM 模型采用邻域划分来描述分类模型，是对 NDRS 模型的改进和提升，具有更简洁的形式化描述和更高的计算效率。

本章提出了邻域正域确定度（NPRC）属性评估方法。NPRC 充分利用了邻域划分的结构信息，把单个对象对决策正域的贡献程度从 $\{0, 1\}$ 扩展到了 $[0, 1]$，从而能更具体、更精细地描述属性的分类能力。

本章提出了不平衡二叉树模型（UB-tree）。UB-tree 模型把一致节点作为左节点或叶节点，不一致节点作为右节点或中间节点，不断分裂右节点，直到遍历完所有的属性。利用 UB-tree 模型能高效地计算出邻域决策空间在不同属性子集下的所有不一致节点。

本章提出了新的特征选择算法（NPFS）。NPFS 算法基于 NPDM 模型，采用 UB-tree 模型计算邻域，采用 NPRC 来评估属性。实验表明，NPFS 算法不但运行时间消耗少，而且分类精度高。

# 4 强化一致优势分类模型

## 4.1 引论

在分类问题中存在一类特殊的情况，它的条件属性和决策属性都是有序的，通常称为有序决策或偏好分析问题。有序的条件属性称为准则，因此，这类问题也称为多准则决策分析问题（multi-criterion decision analysis，MCDA）[121-122]。

条件属性和决策属性存在序结构的决策问题在现实生活中普遍存在，如投资风险分析、人力资源考核、破产评估、信誉评估等。通常，这类决策问题遵循如下的优势原则：若对象 $x$ 优于对象 $y$，那么 $x$ 应该分配到一个不比 $y$ 差的类中。当对象 $x$ 和 $y$ 不满足优势原则时，则认为对象 $x$ 和 $y$ 是不相容的。

Pawlak 模型没有考虑到属性值为有序的情况，因此不能用于有序决策分析。1999 年，Greco 等[123] 提出了优势粗糙集模型（dominance rough set approach，DRSA），DRSA 模型采用能够提取序信息的优势关系来粒化样本空间，是对 Pawlak 模型基于二元关系的扩展。2002 年，Greco 等又提出了面向混合数据的 DRSA 模型[124]，能够处理包含有序属性和一般属性的数据。2006 年，Lee 等提出了新的依赖度指标，用于基于 DRSA 模型的属性约简[125]。2008 年，Yang 等提出了面向不完备数据的 DRSA 模型及其属性约简算法[126]。

在现实应用中，由于决策者的偏差或者观察、测量、记录的错误，偏好决策系统中常会出现违反优势规则的现象，即一个综合条件都优于 $y$ 的对象 $x$，却分配到了比 $y$ 差的类中。这种决策不一致现象会使得 DRSA 模型丢失很多有效信息，严重影响决策规则的泛化性。因此，研究适应干扰情况下的偏好数据处理模型，是粗糙集理论研究的一个重要课题。本章针对这一问题，提出了强化一致优势分类模型（enhanced consistency dominance-based rough set approach，EC-DRSA）。EC-DRSA 模型能有效地消除噪声对分类的影响，具有很强的抗干扰能力；基于 EC-DRSA 模型，我们归纳了 11 种约简并研究了它们之间的关系，最后提出了基于组合粗糙熵的属性约简算法。

本章其他部分是这样组织的：4.2 节介绍现有的 DRSA 模型；4.3 节提出了 EC-DRSA 模型；4.4 节研究了 EC-DRSA 模型的约简，并提出了基于粗糙熵的属性约简算法；4.5 节对本章内容进行了小结。

## 4.2　DRSA 模型

【定义4-1】给定属性 $a$ 及其值域 $V_a = \{v_1, v_2, \cdots, v_k\}$，如果 $1 \leq l \leq m \leq k$，有 $v_l \leq v_m$ 或 $v_l \geq v_m$，则称属性 $a$ 为偏好属性。

【定义4-2】给定一个决策系统 DS $= (U, C \cup D, V, f)$，论域 $U$ 是非空对象集，条件属性集 $C = \{a_1, a_2, \cdots, a_m\}$ 是偏好属性集，决策集 $D = \{d\}$ 是偏好属性集，$V$ 是值域，信息函数 $f: U \times C \cup D \rightarrow V$。称这样的决策系统为偏好决策系统（dominance decision system，DDS），记为 DDS $= (U, C \cup D, V, f)$。

为了描述偏好决策系统中属性的顺序特性，需要引入优势关系。

【定义4-3】给定偏好决策系统 DDS $= (U, C \cup D, V, f)$，$P \subseteq C$。则 $P$ 在 $U$ 上决定的优势关系可定义为：

$$D(P) = \{(u, v) \in U \times U: \forall a \in P, f(u, a) \geq f(v, a)\} \quad (4-1)$$

$D(P)$ 是一个具有自反性和传递性的二元关系，表达了对象在属性集 $P$ 下的一个偏好。在式（4-1）中，若 $\forall a \in P$，$f(u, a) > f(v, a)$，则 $D(P)$ 称为强优势关系；若 $\forall a \in P$，$f(u, a) = f(v, a)$，则 $D(P)$ 退化为等价关系。因此，$D(P)$ 实际上是弱优势关系，有 $D(P) = \cap_{a \in P} D(\{a\})$ 且 $D(C) \subseteq D(P)$。

根据优势关系，可以对偏好决策系统中的对象定义其优势集和劣势集。

【定义4-4】给定偏好决策系统 DDS $= (U, C \cup D, V, f)$，$P \subseteq C$。

那么对象 $u$ 在 $P$ 下的优势集和劣势集可分别定义为：

$$D_P^+(u) = \{v \in U \mid (v, u) \in D(P)\} \tag{4-2}$$

$$D_P^-(u) = \{v \in U \mid (u, v) \in D(P)\} \tag{4-3}$$

$D_P^+(u)$ 描述的是在属性集 $P$ 下所有优于或者等价于 $u$ 的对象的集合；$D_P^-(u)$ 描述的是在属性集 $P$ 下所有劣于或者等价于 $u$ 的对象的集合。

在偏好决策系统中，决策值把论域 $U$ 划分成了有限数量的决策类 $Cl = \{Cl_1, Cl_2, \cdots, Cl_n\}$。由于决策属性是偏好的，因此，对于 $\forall r, s \in \{1, 2, \cdots, n\}$，若 $r > s$，则 $Cl_r \geq Cl_s$，说明 $Cl_r$ 中的对象优于 $Cl_s$ 中的对象。换句话说，最差的对象在 $Cl_1$ 中，最好的对象在 $Cl_n$ 中，其他对象在 $Cl_t$（$1 < t < n$）中。将这些决策类分别向上合并和向下合并，可得向上决策类集和向下决策类集：

$$Cl_r^{\geq} = \bigcup_{s \geq r} Cl_s, \quad Cl_r^{\leq} = \bigcup_{s \leq r} Cl_s \tag{4-4}$$

$u \in Cl_r^{\geq}$ 表示对象 $u$ 至少属于决策类 $Cl_r$，$u \in Cl_r^{\leq}$ 表示对象 $u$ 至多属于决策类 $Cl_r$。

向上决策类集 $Cl_t^{\geq}$ 和向下决策类集 $Cl_t^{\leq}$ 有如下性质：

(1) $Cl_1^{\leq} = Cl_1$，$Cl_1^{\geq} = U$；

(2) $Cl_n^{\leq} = U$，$Cl_n^{\geq} = Cl_n$；

(3) $Cl_{t-1}^{\leq} = U - Cl_t^{\geq}$，$Cl_t^{\geq} = U - Cl_{t-1}^{\leq}$，当 $t = 2, 3, \cdots, n$；

(4) $Cl_{t-1}^{\leq} = Cl_t^{\leq} - Cl_t$，$Cl_{t-1}^{\geq} = Cl_t^{\geq} + Cl_{t-1}$，当 $t = 2, 3, \cdots, n$。

根据对象的优势类和劣势类，以及向上决策类集和向下决策类集，可定义 DRSA 模型。

【定义 4-5】给定偏好决策系统 DDS $= (U, C \cup D, V, f)$，$P \subseteq C$，$Cl = \{Cl_t \mid t = 1, 2, \cdots, n\}$。那么 $Cl_t^{\geq}$ 在属性集 $P$ 下的下近似和上近似可分别定义为：

$$\underline{D}_P(Cl_t^{\geq}) = \{u = U \mid D_P^+(u) \subseteq Cl_t^{\geq}\} \tag{4-5}$$

$$\overline{D}_P(Cl_t^{\geq}) = \{u = U \mid D_P^-(u) \cap Cl_t^{\geq} \neq \varnothing\} \tag{4-6}$$

$Cl_t^{\geq}$ 的下近似 $\underline{D}_P(Cl_t^{\geq})$ 是优势类肯定包含于 $Cl_t^{\geq}$ 的对象的集合，$Cl_t^{\geq}$ 的上近似 $\overline{D}_P(Cl_t^{\geq})$ 是劣势类与 $Cl_t^{\geq}$ 相交不为空的对象的集合。根据 $\underline{D}_P(Cl_t^{\geq})$ 和 $\overline{D}_P(Cl_t^{\geq})$，$Cl_t^{\geq}$ 的边界可定义为：

$$\mathrm{BND}_P(Cl_t^{\geq}) = \overline{D}_P(Cl_t^{\geq}) - \underline{D}_P(Cl_t^{\geq}) \tag{4-7}$$

类似地，$Cl_t^{\leq}$ 在属性集 $P$ 下的下近似和上近似可定义为：

$$\underline{D}_P(Cl_t^{\leqslant}) = \{u = U \mid D_P^-(u) \subseteq Cl_t^{\leqslant}\} \tag{4-8}$$

$$\overline{D}_P(Cl_t^{\leqslant}) = \{u = U \mid D_P^+(u) \cap Cl_t^{\leqslant} \neq \varnothing\} \tag{4-9}$$

$Cl_t^{\leqslant}$ 的下近似 $\underline{D}_P(Cl_t^{\leqslant})$ 是劣势类肯定包含于 $Cl_t^{\leqslant}$ 的对象的集合，$Cl_t^{\leqslant}$ 的上近似 $\overline{D}_P(Cl_t^{\leqslant})$ 是优势类与 $Cl_t^{\leqslant}$ 相交不为空的对象的集合。根据 $\underline{D}_P(Cl_t^{\leqslant})$ 和 $\overline{D}_P(Cl_t^{\leqslant})$，$Cl_t^{\leqslant}$ 的边界可定义为：

$$\mathrm{BND}_P(Cl_t^{\leqslant}) = \overline{D}_P(Cl_t^{\leqslant}) - \underline{D}_P(Cl_t^{\leqslant}) \tag{4-10}$$

偏好决策规则是条件偏好属性与决策偏好属性间的一种依赖形式。根据 $\underline{D}_P(Cl_t^{\geqslant})$ 和 $\underline{D}_P(Cl_t^{\leqslant})$，可以生成以下的偏好决策规则：

（1）"至少"决策规则

如果 $f(v, a_1) \geq r_{a_1} \bigwedge f(v, a_2) \geq r_{a_2} \bigwedge \cdots \bigwedge f(v, a_m) \geq r_{a_m}$，那么 $v \in Cl_t^{\geqslant}$。

（2）"至多"决策规则

如果 $f(v, a_1) \leq r_{a_1} \bigwedge f(v, a_2) \leq r_{a_2} \bigwedge \cdots \bigwedge f(v, a_m) \leq r_{a_m}$，那么 $v \in Cl_t^{\leqslant}$。

其中，$\{a_1, a_2, \cdots, a_m\} \subseteq C$，$\{r_{a_1}, r_{a_2}, \cdots, r_{a_m}\} \in V_{a_1} \times V_{a_2} \times \cdots \times V_{a_m}$，$t \in \{1, 2, \cdots, n\}$。

**【定义4-6】** 给定偏好决策系统 DDS $= (U, C \cup D, V, f)$，$P \subseteq C$，$Cl = \{Cl_t \mid t = 1, 2, \cdots, n\}$。那么决策类集 $Cl$ 在属性集 $P$ 下的分类质量可定义为：

$$\gamma_P(Cl) = \frac{\mid U - (\sum_{t=1}^{n} \mathrm{BND}_P(Cl_t^{\geqslant})) \cup \sum_{t=1}^{n} \mathrm{BND}_P(Cl_t^{\leqslant}) \mid}{\mid U \mid} \tag{4-11}$$

$Cl$ 的分类质量 $\gamma_P(Cl)$ 是偏好决策系统中完全能正确分类的对象数与论域的对象数的比值，反映了属性集 $P$ 的分类能力。当 $\gamma_P(Cl) = 0$，论域中没有对象被完全正确分类，说明属性集 $P$ 的分类能力最差；当 $\gamma_P(Cl) = 1$，论域中所有对象被完全正确分类，说明属性集 $P$ 的分类能力最强。因此，$\gamma_P(Cl) \in [0, 1]$。

**【定义4-7】** 给定偏好决策系统 DDS $= (U, C \cup D, V, f)$，$P \subseteq C$。如果满足 $\gamma_P(Cl) = \gamma_C(Cl)$，且对于 $\forall P' \subset P$，$\gamma_{P'}(Cl) \neq \gamma_C(Cl)$，那么称 $P$ 是 $C$ 关于 $Cl$ 的一个约简。

## 4.3  EC-DRSA 模型

针对带干扰的偏好数据的分类问题，目前有两种典型的处理模型：可变一致优势粗糙集模型（variable consistency dominance-based rough set approach，VC-DRSA）[127-128] 和变精度优势粗糙集模型（variable precision dominance-based rough set approach，VP-DRSA）[129-130]。VC-DRSA 模型根据优势类（或劣势类）的正确分类率来判定对象是否属于向上决策类集（或向下决策类集）的下近似，容易造成分类不一致现象和决策规则矛盾；VP-DRSA 模型根据优势类（或劣势类）中的支持对象来判定对象是否属于向下决策类集（或向上决策类集）的下近似，容易造成正确分类率很高的对象被遗漏，甚至把不属于向下决策类集（或向上决策类集）的对象划归为它的下近似。虽然这些模型的抗干扰能力还不强，但是说明了解决带干扰的偏好数据分类问题的关键在于采用一个合理的对象分类策略。基于这种考虑，本节首先详细描述了对象的优势类和劣势类的相关性质，分析了对象的相对一致性，建立了强化一致优势的对象分类策略，从而提出了强化一致优势分类模型（enhanced consistency dominance-based rough set approach，EC-DRSA），简称 EC-DRSA 模型。

### 4.3.1  优势类和劣势类的决策区

【定义 4-8】给定偏好决策系统 $\text{DDS} = (U, C \cup D, V, f)$，$P \subseteq C$。决策属性集 $D$ 把优势集 $D_P^+(u)$ 划分为有限数量的决策子区 $cl(D_P^+(u)) = \{cl_t(D_P^+(u)) \mid t = 1, 2, \cdots, n\}$，且对于 $\forall r, s \in \{1, 2, \cdots, n\}$，若 $r > s$，则 $cl_r(D_P^+(u)) > cl_s(D_P^+(u))$，且 $cl_r^{\geqslant}(D_P^+(u)) = \cup_{s \geqslant r} cl_s(D_P^+(u))$，$cl_r^{\leqslant}(D_P^+(u)) = \cup_{s \leqslant r} cl_s(D_P^+(u))$。称 $cl_r^{\geqslant}(D_P^+(u))$ 为优势集 $D_P^+(u)$ 的向上决策区，$cl_r^{\leqslant}(D_P^+(u))$ 为优势集 $D_P^+(u)$ 的向下决策区。如图 4-1 所示，整个区域为 $D_P^+(u)$，$cl_t(D_P^+(u))$ 为 $D_P^+(u)$ 的决策子区。

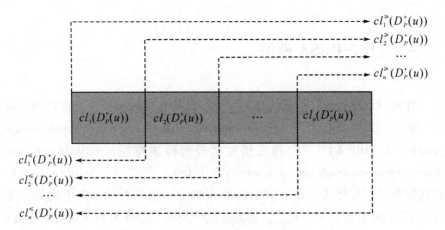

图 4-1　$D_P^+(u)$ 的向上决策区和向下决策区

优势集 $D_P^+(u)$ 的向上决策区和向下决策区有如下性质：

(1) $D_P^+(u) = \bigcup_{t=1}^{n} cl_t(D_P^+(u))$ ；

(2) $cl_0^{\leqslant}(D_P^+(u)) = \varnothing$ ，$cl_{n+1}^{\geqslant}(D_P^+(u)) = \varnothing$ ；

(3) $cl_1^{\geqslant}(D_P^+(u)) = D_P^+(u)$ ，$cl_n^{\leqslant}(D_P^+(u)) = D_P^+(u)$ ；

(4) $cl_t^{\leqslant}(D_P^+(u)) = D_P^+(u) - cl_{t+1}^{\geqslant}(D_P^+(u))$ ；

(5) $cl_t^{\geqslant}(D_P^+(u)) = D_P^+(u) - cl_{t-1}^{\leqslant}(D_P^+(u))$ ；

(6) $cl_t^{\leqslant}(D_P^+(u)) = cl_{t-1}^{\leqslant}(D_P^+(u)) + cl_t(D_P^+(u))$ ；

(7) $cl_t^{\geqslant}(D_P^+(u)) = cl_{t+1}^{\geqslant}(D_P^+(u)) + cl_t(D_P^+(u))$ ；

(8) $cl_t^{\leqslant}(D_P^+(u)) \subseteq Cl_t^{\leqslant}$ ，$cl_t^{\geqslant}(D_P^+(u)) \subseteq Cl_t^{\geqslant}$ 。

【定义 4-9】给定偏好决策系统 DDS $= (U, C \cup D, V, f)$ ，$P \subseteq C$ 。决策属性集 $D$ 把劣势集 $D_P^-(u)$ 划分为有限数量的决策子区 $cl(D_P^-(u)) = \{cl_t(D_P^-(u)) \mid t = 1, 2, \cdots, n\}$ ，且对于 $\forall r, s \in \{1, 2, \cdots, n\}$ ，若 $r > s$ ，则 $cl_r(D_P^-(u)) > cl_s(D_P^-(u))$ ，且 $cl_r^{\geqslant}(D_P^-(u)) = \bigcup_{s \geqslant r} cl_s(D_P^-(u))$ ，$cl_r^{\leqslant}(D_P^-(u)) = \bigcup_{s \leqslant r} cl_s(D_P^-(u))$ 。称 $cl_r^{\geqslant}(D_P^-(u))$ 为劣势集 $D_P^-(u)$ 的向上决策区，$cl_r^{\leqslant}(D_P^-(u))$ 为劣势集 $D_P^-(u)$ 的向下决策区。如图 4-2 所示，整个区域为 $D_P^-(u)$ ，$cl_t(D_P^-(u))$ 为 $D_P^-(u)$ 的决策子区。

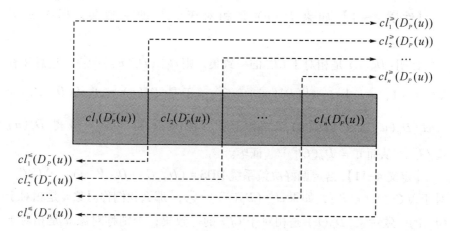

图 4-2　$D_P^-(u)$ 的向上决策区和向下决策区

劣势集 $D_P^-(u)$ 的向上决策区和向下决策区有如下性质：

（1）$D_P^-(u) = \bigcup\limits_{t=1}^{n} cl_t(D_P^-(u))$；

（2）$cl_0^{\leqslant}(D_P^-(u)) = \varnothing$，$cl_{n+1}^{\geqslant}(D_P^-(u)) = \varnothing$；

（3）$cl_1^{\geqslant}(D_P^-(u)) = D_P^-(u)$，$cl_n^{\leqslant}(D_P^-(u)) = D_P^-(u)$；

（4）$cl_t^{\leqslant}(D_P^-(u)) = D_P^-(u) - cl_{t+1}^{\geqslant}(D_P^-(u))$；

（5）$cl_t^{\geqslant}(D_P^-(u)) = D_P^-(u) - cl_{t-1}^{\leqslant}(D_P^-(u))$；

（6）$cl_t^{\leqslant}(D_P^-(u)) = cl_{t-1}^{\leqslant}(D_P^-(u)) + cl_t(D_P^-(u))$；

（7）$cl_t^{\geqslant}(D_P^-(u)) = cl_{t+1}^{\geqslant}(D_P^-(u)) + cl_t(D_P^-(u))$；

（8）$cl_t^{\leqslant}(D_P^-(u)) \subseteq Cl_t^{\leqslant}$，$cl_t^{\geqslant}(D_P^-(u)) \subseteq Cl_t^{\geqslant}$。

### 4.3.2　对象的相对一致性

根据优势集（或劣势集）的向上决策区和向下决策区，可以定义对象的相对一致性。

【定义 4-10】给定偏好决策系统 DDS = $(U, C \cup D, V, f)$，$P \subseteq C$。对于 $\forall Cl_t^{\geqslant}$（$t \in T$），如果 $cl_{t-1}^{\leqslant}(D_P^+(u)) = \varnothing$，那么我们称对象 $u$ 是相对于 $Cl_t^{\geqslant}$ 的一致对象，$D_P^+(u)$ 是相对于 $Cl_t^{\geqslant}$ 的一致集；否则称对象 $u$ 是相对于 $Cl_t^{\geqslant}$ 的不一致对象，$D_P^+(u)$ 是相对于 $Cl_t^{\geqslant}$ 的不一致集。

特别地，对于 $\forall u \in U$，由于 $cl_0^{\leqslant}(D_P^+(u)) = \varnothing$，因此，$D_P^+(u)$ 是相对于 $Cl_1^{\geqslant}$ 的一致集。

**【性质 4 - 1】** 如果 $D_P^+(u)$ 是相对于 $Cl_t^\geqslant$ 的一致集, 那么 $u \in \underline{D}_P(Cl_t^\geqslant)$。

证明: $D_P^+(u)$ 是相对于 $Cl_t^\geqslant$ 的一致集, 则 $cl_{t-1}^\leqslant(D_P^+(u)) = \varnothing$, 这意味着 $\forall r \in [1, t-1]$, $cl_r(D_P^+(u)) = \varnothing$。于是 $D_P^+(u) = \bigcup\limits_{r=1}^{n} cl_r(D_P^+(u)) = \bigcup\limits_{r=t}^{n} cl_r(D_P^+(u)) = cl_t^\geqslant(D_P^+(u))$。由于 $cl_t^\geqslant(D_P^+(u)) \subseteq Cl_t^\geqslant$, 可得 $D_P^+(u) \subseteq Cl_t^\geqslant$, 从而 $u \in \underline{D}_P(Cl_t^\geqslant)$。证毕。

**【定义 4-11】** 给定偏好决策系统 DDS = $(U, C \cup D, V, f)$, $P \subseteq C$。对于 $\forall Cl_t^\leqslant$ ($t \in T$), 如果 $cl_{t-1}^\geqslant(D_P^-(u)) = \varnothing$, 那么我们称对象 $u$ 是相对于 $Cl_t^\leqslant$ 的一致对象, $D_P^-(u)$ 是相对于 $Cl_t^\leqslant$ 的一致集; 否则称对象 $u$ 是相对于 $Cl_t^\leqslant$ 的不一致对象, $D_P^-(u)$ 是相对于 $Cl_t^\leqslant$ 的不一致集。

特别地, 对于 $\forall u \in U$, 由于 $cl_{n+1}^\geqslant(D_P^-(u)) = \varnothing$, 因此, $D_P^-(u)$ 是相对于 $Cl_n^\leqslant$ 的一致集。

**【性质 4 - 2】** 如果 $D_P^-(u)$ 是相对于 $Cl_t^\leqslant$ 的一致集, 那么 $u \in \underline{D}_P(Cl_t^\leqslant)$。

证明: $D_P^-(u)$ 是相对于 $Cl_t^\leqslant$ 的一致集, 那么 $cl_{t+1}^\geqslant(D_P^-(u)) = \varnothing$。这意味着 $\forall r \in [t+1, n]$, $cl_r(D_P^-(u)) = \varnothing$。于是, $D_P^-(u) = \bigcup\limits_{r=1}^{n} cl_r(D_P^-(u)) = \bigcup\limits_{r=t}^{n} cl_r(D_P^-(u)) = cl_t^\leqslant(D_P^-(u))$。由于 $cl_t^\leqslant(D_P^-(u)) \subseteq Cl_t^\leqslant$, 可得 $D_P^-(u) \subseteq Cl_t^\leqslant$, 从而 $u \in \underline{D}_P(Cl_t^\leqslant)$。证毕。

### 4.3.3 对象的强化一致优势度

在偏好决策系统 DDS = $(U, C \cup D, V, f)$ 中, 如果 $u$ 是相对于 $Cl_t^\geqslant$ 的不一致对象, 那么

(1) 对于 $\forall x \in cl_t^\geqslant(D_P^+(u))$, 意味着 $x$ 在属性集 $P$ 下优于或者等价于 $u$, 且 $x$ 的决策值也优于或者等于 $u$ 的决策值, 因此, $cl_t^\leqslant(D_P^+(u))$ 支持 $u \in \underline{D}_P(Cl_t^\geqslant)$;

(2) 对于 $\forall y \in cl_{t-1}^\leqslant(D_P^+(u))$, 意味着 $y$ 在属性集 $P$ 下优于或者等价于 $u$, 但 $y$ 的决策值劣于 $u$ 的决策值, 因此, $cl_{t-1}^\leqslant(D_P^+(u))$ 不支持 $u \in \underline{D}_P(Cl_t^\geqslant)$;

(3) 对于 $\forall x \in cl_t^\geqslant(D_P^-(u))$, 意味着 $x$ 在属性集 $P$ 下劣于或者等价

于 $u$，但 $x$ 的决策值优于 $u$ 的决策值，因此，$cl_t^{\geq}(D_P^-(u))$ 支持 $u \in \underline{D}_P(Cl_t^{\geq})$；

（4）对于 $\forall y \in cl_{t-1}^{\leq}(D_P^-(u))$，意味着 $y$ 在属性集 $P$ 下劣于或者等价于 $u$，且 $y$ 的决策值劣于或者等于 $u$ 的决策值，因此，$cl_{t-1}^{\leq}(D_P^-(u))$ 不支持 $u \in \underline{D}_P(Cl_t^{\geq})$。

根据以上分析，可以定义对象 $u$ 相对于 $Cl_t^{\geq}$ 的强化一致优势度。

【定义 4-12】给定偏好决策系统 DDS $=(U, C \cup D, V, f)$，$P \subseteq C$。那么对象 $u$ 在属性集 $P$ 下相对于 $Cl_t^{\geq}$ 的强化一致优势度 $\partial_P^+(u, Cl_t^{\geq})$ 可定义为

$$\partial_P^+(u, Cl_t^{\geq}) = \frac{\mid cl_t^{\geq}(D_P^-(u)) \cup cl_t^{\geq}(D_P^+(u)) \mid}{\mid cl_t^{\geq}(D_P^-(u)) \cup D_P^+(u) \mid} \quad (4\text{-}12)$$

其中，$cl_t^{\geq}(D_P^-(u))$ 和 $cl_t^{\geq}(D_P^+(u))$ 分别表示 $u$ 的劣势类和优势类中支持 $u \in \underline{D}_P(Cl_t^{\geq})$ 的对象集。

强化一致优势度 $\partial_P^+(u, Cl_t^{\geq})$ 描述了在属性集 $P$ 下 $u$ 被分类到 $Cl_t^{\geq}$ 的程度，它既重视优势类中误判对象引起的不一致因素，又考虑了劣势类中的支持对象，因此，更客观地反映了对象的一致优势程度。

当 $cl_t^{\geq}(D_P^+(u)) = D_P^+(u)$ 时，$\partial_P^+(u, Cl_t^{\geq}) = 1$，对象 $u$ 在属性集 $P$ 下相对于 $Cl_t^{\geq}$ 的强化一致优势为 1，说明 $D_P^+(u)$ 是相对于 $Cl_t^{\geq}$ 的一致集，此时，$u \in \underline{D}_P(Cl_t^{\geq})$，与劣势集的支持无关；当 $cl_t^{\geq}(D_P^-(u)) = [u]_P^{\overline{=}}$（$[u]_P^{\overline{=}}$ 表示 $u$ 的等价类）时，$\partial_P^+(u, Cl_t^{\geq}) = \mid cl_t^{\geq}(D_P^+(u)) \mid / \mid D_P^+(u) \mid = \mid D_P^+(u) \cap Cl_t^{\geq} \mid / \mid D_P^+(u) \mid$，从而 $\partial_P^+(u, Cl_t^{\geq})$ 退化为 VC-DRSA 模型的对象一致优势程度度量。

类似地，如果 $u$ 是相对于 $Cl_t^{\leq}$ 的不一致对象，那么

（1）对于 $\forall x \in cl_t^{\leq}(D_P^-(u))$，意味着 $x$ 在属性集 $P$ 下劣于或者等价于 $u$，且 $x$ 的决策值也劣于或者等于 $u$ 的决策值，因此，$cl_t^{\leq}(D_P^-(u))$ 支持 $u \in \underline{D}_P(Cl_t^{\leq})$；

（2）对于 $\forall y \in cl_{t+1}^{\geq}(D_P^-(u))$，意味着 $y$ 在属性集 $P$ 下劣于或者等价于 $u$，但 $y$ 的决策值优于 $u$ 的决策值，因此，$cl_{t+1}^{\geq}(D_P^-(u))$ 不支持 $u \in \underline{D}_P(Cl_t^{\leq})$；

（3）对于 $\forall x \in cl_t^{\leq}(D_P^+(u))$，意味着 $x$ 在属性集 $P$ 下优于或者等价于 $u$，但 $x$ 的决策值劣于 $u$ 的决策值，因此，$cl_t^{\leq}(D_P^+(u))$ 支持 $u \in$

$\underline{D}_P(Cl_t^\leqslant)$ ;

（4）对于 $\forall y \in cl_{t-1}^\geqslant(D_P^+(u))$，意味着 $y$ 在属性集 $P$ 下优于或者等价于 $u$，且 $y$ 的决策值也优于 $u$ 的决策值，因此，$cl_{t-1}^\geqslant(D_P^+(u))$ 不支持 $u \in \underline{D}_P(Cl_t^\leqslant)$。

根据以上分析，可以定义对象 $u$ 相对于 $Cl_t^\leqslant$ 的强化一致劣势度。

【定义 4-13】给定偏好决策系统 DDS $=(U,\ C \cup D,\ V,\ f)$，$P \subseteq C$。那么对象 $u$ 在属性集 $P$ 下相对于 $Cl_t^\leqslant$ 的强化一致劣势度 $\partial_P^-(u,\ Cl_t^\leqslant)$ 可定义为

$$\partial_P^-(u,\ Cl_t^\leqslant) = \frac{\mid cl_t^\leqslant(D_P^+(u))\ \cup\ cl_t^\leqslant(D_P^-(u)) \mid}{\mid cl_t^\leqslant(D_P^+(u))\ \cup\ D_P^-(u) \mid} \tag{4-13}$$

其中，$cl_t^\leqslant(D_P^+(u))$ 和 $cl_t^\leqslant(D_P^-(u))$ 分别表示 $u$ 的优势类和劣势类中支持 $u \in \underline{D}_P(Cl_t^\leqslant)$ 的对象集。

强化一致劣势度 $\partial_P^-(u,\ Cl_t^\leqslant)$ 描述了在属性集 $P$ 下 $u$ 被分类到 $Cl_t^\leqslant$ 的程度，它既重视劣势类中误判对象引起的不一致因素，又考虑了优势类中的支持对象，因此，更客观地反映了对象的一致劣势程度。

当 $cl_t^\leqslant(D_P^-(u)) = D_P^-(u)$ 时，$\partial_P^-(u,\ Cl_t^\leqslant)=1$，对象 $u$ 在属性集 $P$ 下相对于 $Cl_t^\leqslant$ 的强化一致劣势度为 1，说明 $D_P^-(u)$ 是相对于 $Cl_t^\leqslant$ 的一致对象，此时，$u \in \underline{D}_P(Cl_t^\leqslant)$，与优势集的支持无关；当 $cl_t^\leqslant(D_P^+(u)) = [u]_P^=$（$[u]_P^=$ 表示 $u$ 的等价类）时，$\partial_P^-(u,\ Cl_t^\leqslant)=\mid cl_t^\leqslant(D_P^-(u)) \mid\ /\ \mid D_P^-(u) \mid=\mid D_P^-(u) \cap Cl_t^\leqslant \mid\ /\ \mid D_P^-(u) \mid$，从而 $\partial_P^-(u,\ Cl_t^\leqslant)$ 退化为 VC-DRSA 模型的对象一致优势程度度量。

### 4.3.4　EC-DRSA 模型描述

对象的强化一致优势度和劣势度实际上提供了一个新的对象分类评判策略。根据这个策略，可以建立处理偏好数据分类问题的新模型——EC-DRSA 模型。

【定义 4-14】给定偏好决策系统 DDS $=(U,\ C \cup D,\ V,\ f)$，$P \subseteq C$，$\alpha \in (0.5,\ 1]$，那么 $Cl_t^\geqslant$ 和 $Cl_t^\leqslant$ 在属性集 $P$ 下的下近似可分别定义为：

$$\underline{D}_P^\alpha(Cl_t^\geqslant) = \{u \in Cl_t^\geqslant \mid \frac{\mid cl_t^\geqslant(D_P^-(u))\ \cup\ cl_t^\geqslant(D_P^+(u)) \mid}{\mid cl_t^\geqslant(D_P^-(u))\ \cup\ D_P^+(u) \mid} \geqslant \alpha\}$$

$$\tag{4-14}$$

$$\underline{D}_P^\alpha(Cl_t^\leqslant) = \{u \in Cl_t^\leqslant \mid \frac{\mid cl_t^\leqslant(D_P^+(u)) \cup cl_t^\leqslant(D_P^-(u)) \mid}{\mid cl_t^\leqslant(D_P^+(u)) \cup D_P^-(u) \mid} \geqslant \alpha\}$$

$$(4-15)$$

$Cl_t^\geqslant$ 和 $Cl_t^\leqslant$ 在属性集 $P$ 下的上近似可分别定义为:

$$\overline{D}_P^\alpha(Cl_t^\geqslant) = Cl_t^\geqslant \cup \{u \in \mid Cl_t^\leqslant \mid \frac{\mid cl_t^\geqslant(D_P^-(u) \mid}{\mid D_P^-(u) \mid} \geqslant 1 - \alpha\} \quad (4-16)$$

$$\overline{D}_P^\alpha(Cl_t^\leqslant) = Cl_t^\leqslant \cup \{u \in \mid Cl_t^\geqslant \mid \frac{\mid cl_t^\leqslant(D_P^+(u) \mid}{\mid D_P^+(u) \mid} \geqslant 1 - \alpha\} \quad (4-17)$$

$Cl_t^\geqslant$ 和 $Cl_t^\leqslant$ 在属性集 $P$ 下的边界可分别定义为:

$$\mathrm{BND}_P^\alpha(Cl_t^\geqslant) = \overline{D}_P^\alpha(Cl_t^\geqslant) - \underline{D}_P^\alpha(Cl_t^\geqslant) \qquad (4-18)$$

$$\mathrm{BND}_P^\alpha(Cl_t^\leqslant) = \overline{D}_P^\alpha(Cl_t^\leqslant) - \underline{D}_P^\alpha(Cl_t^\leqslant) \qquad (4-19)$$

EC-DRSA 模型的下近似、上近似和边界有如下性质:

(1) $\underline{D}_P^\alpha(Cl_1^\geqslant) = \overline{D}_P^\alpha(Cl_1^\geqslant) = U$;

(2) $\underline{D}_P^\alpha(Cl_n^\leqslant) = \overline{D}_P^\alpha(Cl_n^\leqslant) = U$;

(3) $\underline{D}_P^\alpha(Cl_{n+1}^\geqslant) = \overline{D}_P^\alpha(Cl_{n+1}^\geqslant) = \varnothing$;

(4) $\underline{D}_P^\alpha(Cl_0^\leqslant) = \overline{D}_P^\alpha(Cl_0^\leqslant) = \varnothing$;

(5) $\underline{D}_P^\alpha(Cl_t^\leqslant) \subseteq Cl_t^\leqslant \subseteq \overline{D}_P^\alpha(Cl_t^\leqslant)$;

(6) $\underline{D}_P^\alpha(Cl_t^\geqslant) \subseteq Cl_t^\geqslant \subseteq \overline{D}_P^\alpha(Cl_t^\geqslant)$;

(7) $\mathrm{BND}_P^\alpha(Cl_t^\geqslant) = \mathrm{BND}_P^\alpha(Cl_{t-1}^\leqslant)$。

### 4.3.5 实例分析

给定一个学生成绩评判系统 DDS = $(U, C \cup D, V, f)$, 如表 4-1 所示。其中 $U = \{u_1, u_2, \cdots, u_{15}\}$, $u_i$ ($1 \leqslant i \leqslant 15$) 代表某个学生; $C = \{Math, Lite\}$, 偏好属性 Math 和 Lite 分别代表数学和文学科目的评级, 取值为 {Utterly bad, Very bad, Bad, Medium, Good, Very good, Excellent}; $D = \{Pass\}$, 决策属性 Pass 表示总评是否合格, 取值 {No, Yes}。

表 4-1  学生成绩评判系统

| Student | Math | Lite | Pass |
|---------|------|------|------|
| $u_1$ | Excellent | Very good | Yes |
| $u_2$ | Excellent | Medium | Yes |

表4-1(续)

| Student | Math | Lite | Pass |
|---|---|---|---|
| $u_3$ | Very good | Very good | No |
| $u_4$ | Very good | Good | Yes |
| $u_5$ | Very good | Bad | Yes |
| $u_6$ | Very good | Utterly bad | No |
| $u_7$ | Good | Excellent | Yes |
| $u_8$ | Medium | Excellent | Yes |
| $u_9$ | Medium | Bad | Yes |
| $u_{10}$ | Bad | Medium | No |
| $u_{11}$ | Bad | Very bad | No |
| $u_{12}$ | Very bad | Very bad | No |
| $u_{13}$ | Very bad | Utterly bad | No |
| $u_{14}$ | Utterly bad | Medium | No |
| $u_{15}$ | Utterly bad | Bad | No |

设条件属性值 Utterly bad=1，Very bad=2，Bad=3，Medium=4，Good=5，Very good=6，Excellent=7；决策属性值 No=1，Yes=2。因此，$Cl_1^{\leqslant}=\{u_3,u_6,u_{10},u_{11},u_{12},u_{13},u_{14},u_{15}\}$，$Cl_2^{\geqslant}=\{u_1,u_2,u_4,u_5,u_7,u_8,u_9\}$。我们观察到，$u_3$ 的 Math 和 Lite 属性值都比 $u_9$ 要好，但 $u_3\in Cl_1^{\leqslant}$ 而 $u_9\in Cl_2^{\geqslant}$，说明 $u_3$ 和 $u_9$ 违反了优势原则，造成了决策不一致现象。

下面我们分别采用 DRSA 模型、VC-DRSA 模型、VP-DRSA 模型和 EC-DRSA 模型来计算下近似和决策规则（设 $P=C$）。

### 4.3.5.1 DRSA 模型

根据 DRSA 模型，有如下计算结果：

下近似：$\underline{D}_P(Cl_1^{\leqslant})=\{u_6,u_{10},u_{11},u_{12},u_{13},u_{14},u_{15}\}$，$\underline{D}_P(Cl_2^{\geqslant})=\{u_1,u_2,u_7,u_8\}$。

决策规则：

（1）如果 $f(u,\text{Math})\geqslant\text{Excellent}$，$f(u,\text{Lite})\geqslant\text{Medium}$，那么 $f(u,\text{Pass})\geqslant\text{Yes}$；

（2）如果 $f(u, \text{Math}) \geq \text{Medium}$，$f(u, \text{Lite}) \geq \text{Excellent}$，那么 $f(u, Pass) \geq \text{Yes}$；

（3）如果 $f(u, \text{Math}) \leq \text{Bad}$，$f(u, \text{Lite}) \leq \text{Medium}$，那么 $f(u, \text{Pass}) \leq \text{No}$；

（4）如果 $f(u, \text{Math}) \leq \text{Very good}$，$f(u, \text{Lite}) \leq \text{Utterly bad}$，那么 $f(u, \text{Pass}) \leq \text{No}$。

如果系统中不存在决策不一致现象，假设 $f(u_3, \text{Pass}) = \text{Yes}$，那么，根据 DRSA 模型有如下计算结果：

下近似：$\underline{D}'_P(Cl_1^{\leq}) = \{u_6, u_{10}, u_{11}, u_{12}, u_{13}, u_{14}, u_{15}\}$，$\underline{D}'_P(Cl_2^{\geq}) = \{u_1, u_2, u_3, u_4, u_5, u_7, u_8, u_9\}$。

决策规则：

（1）如果 $f(u, \text{Math}) \geq \text{Medium}$，$f(u, \text{Lite}) \geq \text{Bad}$，那么 $f(u, \text{Pass}) \geq \text{Yes}$；

（2）如果 $f(u, \text{Math}) \leq \text{Bad}$，$f(u, \text{Lite}) \leq \text{Medium}$，那么 $f(u, \text{Pass}) \leq \text{No}$；

（3）如果 $f(u, \text{Math}) \leq \text{Very good}$，$f(u, \text{Lite}) \leq \text{Utterly bad}$，那么 $f(u, \text{Pass}) \leq \text{No}$。

现在比较两种情况下计算结果的差异：

$\underline{D}_P(Cl_1^{\leq}) = \underline{D}'_P(Cl_1^{\leq})$，$\underline{D}_P(Cl_2^{\geq}) = \underline{D}'_P(Cl_2^{\geq})$，说明决策不一致的存在使得下近似包含的对象更少了。

两种情况下的决策规则覆盖范围如图 4-3 所示，深色区域为决策一致时新增的决策区域。显然，在决策不一致情况下导出的决策规则比决策一致情况下导出的决策规则覆盖范围要小得多。这说明决策不一致的存在严重影响了决策规则的泛化性。

从以上对比结果可以看出，DRSA 模型在处理带干扰的偏好数据时，会导致下近似变小和决策规则丢失等后果，说明 DRSA 模型抗干扰能力差。

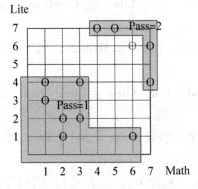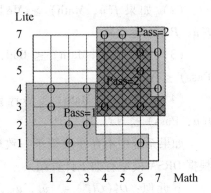

(a) 决策不一致下的DRSA决策区域　　　(b) 决策一致下的DRSA决策区域

图 4-3　两种情况下的 DRSA 决策区域

### 4.3.5.2　VC-DRSA 模型

VC-DRSA 模型认为对象的一致性是可度量的，一个对象的一致性程度达到或者超过了某个预先设定的阈值，那么该对象才可以划归为向上或向下决策类集的下近似。根据 VC-DRSA 模型，设 $l = 0.75$，有如下计算结果：

下近似：$\underline{D}_P^l(Cl_1^\leqslant) = \{u_3, u_6, u_{10}, u_{11}, u_{12}, u_{13}, u_{14}, u_{15}\}$，$\underline{D}_P^l(Cl_2^\geqslant) = \{u_1, u_2, u_5, u_7, u_8, u_9\}$。

决策规则：

(1) 如果 $f(u, \text{Math}) \geqslant \text{Medium}$，$f(u, \text{Lite}) \geqslant \text{Bad}$，那么 $f(u, \text{Pass}) \geqslant \text{Yes}$；

(2) 如果 $f(u, \text{Math}) \leqslant \text{Very good}$，$f(u, \text{Lite}) \leqslant \text{Very good}$，那么 $f(u, \text{Pass}) \leqslant \text{No}$。

如图 4-4 所示。

与 DRSA 模型相比，VC-DRSA 模型的下近似新增了对象 $u_3$、$u_5$ 和 $u_9$；决策规则覆盖区域新增了区域 1、区域 2 和区域 3。因此，VC-DRSA 模型处理带干扰的偏好数据的能力比 DRSA 模型增强了。但 VC-DRSA 模型新增的区域 3 存在决策矛盾，并且同属于 $Cl_2^\geqslant$ 的 $u_4$ 和 $u_9$，$u_4$ 在 Math 和 Lite 上的取值都优于 $u_9$，但 $u_9 \in \underline{D}_P^l(Cl_2^\geqslant)$ 而 $u_4 \notin \underline{D}_P^l(Cl_2^\geqslant)$。

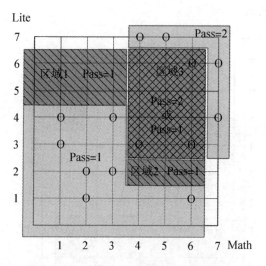

图 4-4　VC-DRSA 模型的决策区域

### 4.3.5.3　VP-DRSA 模型

VP-DRSA 模型判断一个对象属于向上决策类集（或向下决策类集）时，依赖于劣势类（或优势类）中的支持对象。根据 VP-DRSA 模型，设 $\beta = 0.75$，有如下计算结果：

下近似：$\underline{D}_P^{\beta}(Cl_1^{\leqslant}) = \{u_6, u_{10}, u_{11}, u_{12}, u_{13}, u_{14}, u_{15}\}$，$\underline{D}_P^{\beta}(Cl_2^{\geqslant}) = \{u_1, u_2, u_3, u_4, u_7, u_8\}$。

决策规则：

（1）如果 $f(u, \text{Math}) \geq \text{Excellent}$，$f(u, \text{Lite}) \geq \text{Medium}$，那么 $f(u, \text{Pass}) \geq \text{Yes}$；

（2）如果 $f(u, \text{Math}) \geq \text{Medium}$，$f(u, \text{Lite}) \geq \text{Excellent}$，那么 $f(u, \text{Pass}) \geq \text{Yes}$；

（3）如果 $f(u, \text{Math}) \geq \text{Very good}$，$f(u, \text{Lite}) \geq \text{Good}$，那么 $f(u, \text{Pass}) \geq \text{Yes}$；

（4）如果 $f(u, \text{Math}) \geq \text{Very good}$，$f(u, \text{Lite}) \geq \text{Very good}$，那么 $f(u, \text{Pass}) \geq \text{No}$；

（5）如果 $f(u, \text{Math}) \leq \text{Bad}$，$f(u, \text{Lite}) \leq \text{Medium}$，那么 $f(u, \text{Pass}) \leq \text{No}$；

（6）如果 $f(u, \text{Math}) \leq \text{Very good}$，$f(u, \text{Lite}) \leq \text{Utterly bad}$，那么 $f(u, \text{Pass}) \leq \text{No}$。

如图 4-5 所示。

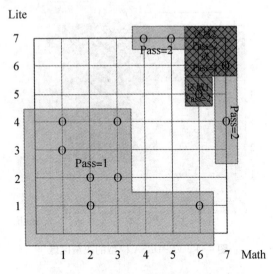

**图 4-5　VP-DRSA 模型的决策区域**

与 VC-DRSA 模型相比，VP-DRSA 模型的下近似新增了对象 $u_4$，但减少了对象 $u_5$ 和 $u_9$；决策规则覆盖区域变小了，虽然消除了 VC-DRSA 模型的矛盾决策区域，但它产生了新的矛盾区域（如区域 2 所示）。VP-DRSA 模型把不属于向上决策类集（或向下决策类集）的对象划归为它的下近似，使得决策规则之间容易产生歧义，如 $u_3 \notin Cl_2^{\geqslant}$，但 $u_3 \notin \underline{D}_P^{\beta}(Cl_2^{\geqslant})$。因此，VP-DRSA 模型虽然能够克服 VC-DRSA 模型存在的一些问题，但模型本身还不够完善，处理带干扰的偏好数据的能力还有待于提升。

**4.3.5.4　EC-DRSA 模型**

根据 EC-DRSA 模型，设 $\alpha = 0.75$，那么

下近似：$\underline{D}_P^{\alpha}(Cl_1^{\leqslant}) = \{u_6, u_{10}, u_{11}, u_{12}, u_{13}, u_{14}, u_{15}\}$，$\underline{D}_P^{\alpha}(Cl_2^{\geqslant}) = \{u_1, u_2, u_4, u_5, u_7, u_8, u_9\}$。

下决策规则：

（1）如果 $f(u, \text{Math}) \geqslant \text{Medium}$，$f(u, \text{Lite}) \geqslant \text{Bad}$，那么 $f(u, \text{Pass}) \geqslant \text{Yes}$；

（2）如果 $f(u, \text{Math}) \leqslant \text{Bad}$，$f(u, \text{Lite}) \leqslant \text{Medium}$，那么 $f(u, \text{Pass}) \leqslant \text{No}$；

（3）如果 $f(u,\ \text{Math}) \leq \text{Very good}$，$f(u,\ \text{Lite}) \leq \text{Utterly bad}$，那么 $f(u,\ \text{Pass}) \leq \text{No}$。

如图 4-6 所示。

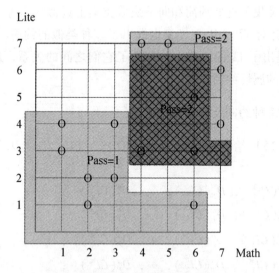

图 4-6　EC-DRSA 模型的决策区域

与其他模型相比，EC-DRSA 模型的下近似包含对象最多；决策规则覆盖区域也很大，且无矛盾区域。EC-DRSA 的计算结果与决策一致时 DRSA 的计算结果相同 ［见图 4-3（b）］，可见，EC-DRSA 模型能在最大程度上消除干扰的影响，具有很强的鲁棒性。

## 4.4　EC-DRSA 模型的约简

属性约简是在保持原始系统某特定信息不变的情况下寻找极小属性子集的过程。在基于优势关系的粗糙集模型中，由于做近似处理的集合不是决策类而是决策类的向上并集和向下并集，因此，其属性约简比一般粗糙集模型具有更丰富的内容。

针对 DRSA 模型，Inuiguchi 等[130]提出了保持分类质量不变的约简，实际上是保持了向上决策类集或向下决策类集的边界不变；Inuiguchi 和 Yoshioka[131]提出了向上决策类集下近似约简、向上决策类集上近似约简、向下决策类集下近似约简、向下决策类集上近似约简等多种约简。Luo

等[132]基于限制优势粗糙集模型提出了保持冲突关系的约简,使得系统在约简前后保持那些违反优势原则的对象关系不变。Yang 等[126]基于相似优势粗糙集模型提出了向上决策类集下近似约简、向上决策类集上近似约简、向下决策类集下近似约简和向下决策类集上近似约简等四种约简。Inuiguchi 等[130]针对 VP-DRSA 模型也提出了多种类似的约简。本书基于 EC-DRSA 模型提出了 11 种约简,并分析了它们之间的关系,最后给出了基于组合粗糙熵的属性约简算法。

### 4.4.1　11 种约简及其相互关系

【定义 4-15】给定偏好决策系统 DDS $= (U,\ C \cup D,\ V,\ f)$,$P \subseteq C$,令

$$L_P^\geqslant = \{\underline{D}_P^\alpha(Cl_1^\geqslant),\ \underline{D}_P^\alpha(Cl_2^\geqslant),\ \cdots,\ \underline{D}_P^\alpha(Cl_n^\geqslant)\}\ ;$$

$$L_P^\leqslant = \{\underline{D}_P^\alpha(Cl_1^\leqslant),\ \underline{D}_P^\alpha(Cl_2^\leqslant),\ \cdots,\ \underline{D}_P^\alpha(Cl_n^\leqslant)\}\ ;$$

$$U_P^\geqslant = \{\overline{D}_P^\alpha(Cl_1^\geqslant),\ \overline{D}_P^\alpha(Cl_2^\geqslant),\ \cdots,\ \overline{D}_P^\alpha(Cl_n^\geqslant)\}\ ;$$

$$U_P^\leqslant = \{\overline{D}_P^\alpha(Cl_1^\leqslant),\ \overline{D}_P^\alpha(Cl_2^\leqslant),\ \cdots,\ \overline{D}_P^\alpha(Cl_n^\leqslant)\}\ ;$$

$$B_P^\geqslant = \{\mathrm{BND}_P^\alpha(Cl_1^\geqslant),\ \mathrm{BND}_P^\alpha(Cl_2^\geqslant),\ \cdots,\ \mathrm{BND}_P^\alpha(Cl_n^\geqslant)\}\ ;$$

$$B_P^\leqslant = \{\mathrm{BND}_P^\alpha(Cl_1^\leqslant),\ \mathrm{BND}_P^\alpha(Cl_2^\leqslant),\ \cdots,\ \mathrm{BND}_P^\alpha(Cl_n^\leqslant)\}\ ;$$

(1) 如果 $L_P^\geqslant = L_C^\geqslant$,且不存在 $P' \subset P$,使得 $L_{P'}^\geqslant = L_C^\geqslant$,则称 $P$ 为向上下近似约简,记为 $R_L^\geqslant$,$R_L^\geqslant$ 保持了向上决策类集的下近似;

(2) 如果 $L_P^\leqslant = L_C^\leqslant$,且不存在 $P' \subset P$,使得 $L_{P'}^\leqslant = L_C^\leqslant$,则称 $P$ 为向下下近似约简,记为 $R_L^\leqslant$,$R_L^\leqslant$ 保持了向下决策类集的下近似;

(3) 如果 $L_P^\geqslant = L_C^\geqslant$,$L_P^\leqslant = L_C^\leqslant$,且不存在 $P' \subset P$,使得 $L_{P'}^\geqslant = L_C^\geqslant$,$L_{P'}^\leqslant = L_C^\leqslant$,则称 $P$ 为下近似约简,记为 $R_L^{<>}$,$R_L^{<>}$ 同时保持了向上和向下决策类集的下近似;

(4) 如果 $U_P^\geqslant = U_C^\geqslant$,且不存在 $P' \subset P$,使得 $U_{P'}^\geqslant = U_C^\geqslant$,则称 $P$ 为向上上近似约简,记为 $R_U^\geqslant$,$R_U^\geqslant$ 保持了向上决策类集的上近似;

(5) 如果 $U_P^\leqslant = U_C^\leqslant$,且不存在 $P' \subset P$,使得 $U_{P'}^\leqslant = U_C^\leqslant$,则称 $P$ 为向下上近似约简,记为 $R_U^\leqslant$,$R_U^\leqslant$ 保持了向下决策类集的上近似;

(6) 如果 $U_P^\geqslant = U_C^\geqslant$,$U_P^\leqslant = U_C^\leqslant$,且不存在 $P' \subset P$,使得 $U_{P'}^\geqslant = U_C^\geqslant$,$U_{P'}^\leqslant = U_C^\leqslant$,则称 $P$ 为上近似约简,记为 $R_U^{<>}$,$R_U^{<>}$ 同时保持了向上和向下决策类集的上近似;

（7）如果 $B_P^{\geqslant} = B_C^{\geqslant}$ 或 $B_P^{\leqslant} = B_C^{\leqslant}$，且不存在 $P' \subset P$，使得 $B_{P'}^{\geqslant} = B_C^{\geqslant}$ 或 $B_{P'}^{\leqslant} = B_C^{\leqslant}$，则称 $P$ 为边界约简，记为 $R_B^{\langle\rangle}$，$R_B^{\langle\rangle}$ 保持了向上或向下决策类集的边界；

（8）如果 $L_P^{\geqslant} = L_C^{\geqslant}$，$B_P^{\geqslant} = B_C^{\geqslant}$，且不存在 $P' \subset P$，使得 $L_{P'}^{\geqslant} = L_C^{\geqslant}$，$B_{P'}^{\geqslant} = B_C^{\geqslant}$，则称 $P$ 为向上下近似边界约简，记为 $R_{LB}^{\geqslant}$，$R_{LB}^{\geqslant}$ 同时保持了向上决策类集的下近似和边界；

（9）如果 $L_P^{\leqslant} = L_C^{\leqslant}$，$B_P^{\leqslant} = B_C^{\leqslant}$，且不存在 $P' \subset P$，使得 $L_{P'}^{\leqslant} = L_C^{\leqslant}$，$B_{P'}^{\leqslant} = B_C^{\leqslant}$，则称 $P$ 为向下下近似边界约简，记为 $R_{LB}^{\leqslant}$，$R_{LB}^{\leqslant}$ 同时保持了向下决策类集的下近似和边界；

（10）如果 $U_P^{\geqslant} = U_C^{\geqslant}$，$B_P^{\geqslant} = B_C^{\geqslant}$，且不存在 $P' \subset P$，使得 $U_{P'}^{\geqslant} = U_C^{\geqslant}$，$B_{P'}^{\geqslant} = B_C^{\geqslant}$，则称 $P$ 为向上上近似边界约简，记为 $R_{UB}^{\geqslant}$，$R_{UB}^{\geqslant}$ 同时保持了向上决策类集的上近似和边界；

（11）如果 $U_P^{\leqslant} = U_C^{\leqslant}$，$B_P^{\leqslant} = B_C^{\leqslant}$，且不存在 $P' \subset P$，使得 $U_{P'}^{\leqslant} = U_C^{\leqslant}$，$B_{P'}^{\leqslant} = B_C^{\leqslant}$，则称 $P$ 为向下上近似边界约简，记为 $R_{UB}^{\leqslant}$，$R_{UB}^{\leqslant}$ 同时保持了向下决策类集的上近似和边界。

下面研究 EC-DRSA 模型的约简之间的关系。

【定理 4-1】给定偏好决策系统 DDS $= (U, C \cup D, V, f)$，$P \subseteq C$，那么

（1）$R_L^{\geqslant} \Leftrightarrow R_U^{\leqslant}$；

（2）$R_L^{\leqslant} \Leftrightarrow R_U^{\geqslant}$；

（3）$R_L^{\langle\rangle} \Leftrightarrow R_U^{\langle\rangle}$；

（4）$R_{LB}^{\geqslant} \Leftrightarrow R_{UB}^{\leqslant}$；

（5）$R_{LB}^{\leqslant} \Leftrightarrow R_{UB}^{\geqslant}$。

证明：

（1）先证 $R_L^{\geqslant} \Rightarrow R_U^{\leqslant}$。由于 $P$ 是 $R_L^{\geqslant}$，于是 $L_P^{\geqslant} = L_C^{\geqslant}$，且不存在 $P' \subset P$，使得 $L_{P'}^{\geqslant} = L_C^{\geqslant}$。对于 $\forall t \in \{1, 2, \cdots, n\}$，有 $\underline{D}_P^{\alpha}(Cl_t^{\geqslant}) = \underline{D}_C^{\alpha}(Cl_t^{\geqslant})$。$\underline{D}_P^{\alpha}(Cl_t^{\geqslant}) = U - \underline{D}_P^{\alpha}(Cl_{t-1}^{\leqslant})$，$\underline{D}_C^{\alpha}(Cl_t^{\geqslant}) = U - \underline{D}_C^{\alpha}(Cl_{t-1}^{\leqslant})$，因此 $\overline{D}_P^{\alpha}(Cl_{t-1}^{\leqslant}) = \overline{D}_C^{\alpha}(Cl_{t-1}^{\leqslant})$。又 $\overline{D}_P^{\alpha}(Cl_n^{\leqslant}) = \overline{D}_C^{\alpha}(Cl_n^{\leqslant}) = U$，从而对于 $\forall t \in \{1, 2, \cdots, n\}$，$\overline{D}_P^{\alpha}(Cl_t^{\leqslant}) = \overline{D}_C^{\alpha}(Cl_t^{\leqslant})$。这意味着 $U_P^{\leqslant} = U_C^{\leqslant}$，且不存在 $P' \subset P$，使得 $U_{P'}^{\leqslant} = U_C^{\leqslant}$。因此，$P$ 是 $R_U^{\leqslant}$，从而 $R_L^{\geqslant} \Rightarrow R_U^{\leqslant}$。

再证 $R_L^{\geqslant} \Leftarrow R_U^{\leqslant}$。由于 $P$ 是 $R_U^{\leqslant}$，于是 $U_P^{\leqslant} = U_C^{\leqslant}$，且不存在 $P' \subset P$，使

得 $U_{P'}^{\leqslant} = U_C^{\leqslant}$。对于 $\forall t \in \{1, 2, \cdots, n\}$，有 $\overline{D}_P^{\alpha}(Cl_t^{\leqslant}) = \overline{D}_C^{\alpha}(Cl_t^{\leqslant})$。而 $\overline{D}_P^{\alpha}(Cl_t^{\leqslant}) = U - \overline{D}_P^{\alpha}(Cl_{t+1}^{\geqslant})$，$\overline{D}_C^{\alpha}(Cl_t^{\leqslant}) = U - \overline{D}_C^{\alpha}(Cl_{t+1}^{\geqslant})$，因此，$\underline{D}_P^{\alpha}(Cl_{t+1}^{\geqslant}) = \underline{D}_C^{\alpha}(Cl_{t+1}^{\geqslant})$。又 $\underline{D}_P^{\alpha}(Cl_{n+1}^{\geqslant}) = \underline{D}_C^{\alpha}(Cl_{n+1}^{\geqslant}) = \varnothing$，从而对于 $\forall t \in \{1, 2, \cdots, n\}$，$\underline{D}_P^{\alpha}(Cl_t^{\geqslant}) = \underline{D}_C^{\alpha}(Cl_t^{\geqslant})$。这意味着 $L_P^{\geqslant} = L_C^{\geqslant}$，且不存在 $P' \subset P$，使得 $L_{P'}^{\geqslant} = L_C^{\geqslant}$。因此，$P$ 是 $R_L^{\geqslant}$，从而 $R_L^{\geqslant} \Leftarrow R_U^{\leqslant}$。

综上所述，$R_L^{\geqslant} \Leftrightarrow R_U^{\leqslant}$，证毕。

（2）类似于（1），同理可证 $R_L^{\leqslant} \Leftrightarrow R_U^{\geqslant}$。

（3）先证 $R_L^{<>} \Rightarrow R_U^{<>}$。由于 $P$ 是 $R_L^{<>}$，则 $L_P^{\geqslant} = L_C^{\geqslant}$，$L_P^{\leqslant} = L_C^{\leqslant}$，且不存在 $P' \subset P$，使得 $L_{P'}^{\geqslant} = L_C^{\geqslant}$，$L_{P'}^{\leqslant} = L_C^{\leqslant}$。由 $L_P^{\geqslant} = L_C^{\geqslant}$ 得 $U_P^{\leqslant} = U_C^{\leqslant}$，由 $L_P^{\leqslant} = L_C^{\leqslant}$ 可得 $U_P^{\geqslant} = U_C^{\geqslant}$，于是有 $U_P^{\leqslant} = U_C^{\leqslant}$，$U_P^{\geqslant} = U_C^{\geqslant}$，且不存在 $P' \subset P$，使得 $U_{P'}^{\leqslant} = U_C^{\leqslant}$，$U_{P'}^{\geqslant} = U_C^{\geqslant}$。这说明 $P$ 是 $R_U^{<>}$，从而 $R_L^{<>} \Rightarrow R_U^{<>}$。

再证 $R_L^{<>} \Leftarrow R_U^{<>}$。由于 $P$ 是 $R_U^{<>}$，则 $U_P^{\leqslant} = U_C^{\leqslant}$，$U_P^{\geqslant} = U_C^{\geqslant}$，且不存在 $P' \subset P$，使得 $U_{P'}^{\leqslant} = U_C^{\leqslant}$，$U_{P'}^{\geqslant} = U_C^{\geqslant}$。由 $U_P^{\leqslant} = U_C^{\leqslant}$ 可得 $L_P^{\geqslant} = L_C^{\geqslant}$，由 $U_P^{\geqslant} = U_C^{\geqslant}$ 可得 $L_P^{\leqslant} = L_C^{\leqslant}$，于是有 $L_P^{\geqslant} = L_C^{\geqslant}$，$L_P^{\leqslant} = L_C^{\leqslant}$，且不存在 $P' \subset P$，使得 $L_{P'}^{\geqslant} = L_C^{\geqslant}$，$L_{P'}^{\leqslant} = L_C^{\leqslant}$。这说明 $P$ 是 $R_L^{<>}$，从而 $R_L^{<>} \Leftarrow R_U^{<>}$。

综上所述，$R_L^{<>} \Leftrightarrow R_U^{<>}$，证毕。

（4）先证 $R_{LB}^{\geqslant} \Rightarrow R_{UB}^{\leqslant}$。由于 $P$ 是 $R_{LB}^{\geqslant}$，则 $L_P^{\geqslant} = L_C^{\geqslant}$，$B_P^{\geqslant} = B_C^{\geqslant}$，且不存在 $P' \subset P$，使得 $L_{P'}^{\geqslant} = L_C^{\geqslant}$，$B_{P'}^{\geqslant} = B_C^{\geqslant}$。由 $L_P^{\geqslant} = L_C^{\geqslant}$ 可得 $U_P^{\leqslant} = U_C^{\leqslant}$，由 $B_P^{\geqslant} = B_C^{\geqslant}$ 可得 $B_P^{\leqslant} = B_C^{\leqslant}$，于是有 $U_P^{\leqslant} = U_C^{\leqslant}$，$B_P^{\leqslant} = B_C^{\leqslant}$，且不存在 $P' \subset P$，使得 $U_{P'}^{\leqslant} = U_C^{\leqslant}$，$B_{P'}^{\leqslant} = B_C^{\leqslant}$。这说明 $P$ 是 $R_{UB}^{\leqslant}$，从而 $R_{LB}^{\geqslant} \Rightarrow R_{UB}^{\leqslant}$。

再证 $R_{LB}^{\geqslant} \Leftarrow R_{UB}^{\leqslant}$。由于 $P$ 是 $R_{UB}^{\leqslant}$，则 $U_P^{\leqslant} = U_C^{\leqslant}$，$B_P^{\leqslant} = B_C^{\leqslant}$，且不存在 $P' \subset P$，使得 $U_{P'}^{\leqslant} = U_C^{\leqslant}$，$B_{P'}^{\leqslant} = B_C^{\leqslant}$。由 $U_P^{\leqslant} = U_C^{\leqslant}$ 可得 $L_P^{\geqslant} = L_C^{\geqslant}$，由 $B_P^{\leqslant} = B_C^{\leqslant}$ 可得 $B_P^{\geqslant} = B_C^{\geqslant}$，于是有 $L_P^{\geqslant} = L_C^{\geqslant}$，$B_P^{\geqslant} = B_C^{\geqslant}$，且不存在 $P' \subset P$，使得 $L_{P'}^{\geqslant} = L_C^{\geqslant}$，$B_{P'}^{\geqslant} = B_C^{\geqslant}$。这说明 $P$ 是 $R_{LB}^{\geqslant}$，

从而 $R_{LB}^{\geqslant} \Leftarrow R_{UB}^{\leqslant}$。

综上所述，$R_{LB}^{\geqslant} \Leftrightarrow R_{UB}^{\leqslant}$，证毕。

（5）类似于（4），同理可证 $R_{LB}^{\leqslant} \Leftrightarrow R_{UB}^{\geqslant}$。

【定理4-2】给定偏好决策系统 DDS $= (U, C \cup D, V, f)$，$P \subseteq C$，那么

（1）如果 $P$ 是 $R_L^{<>}$ 或 $R_U^{<>}$，那么 $P$ 也是 $R_L^{\geqslant}$，$R_L^{\leqslant}$，$R_U^{\geqslant}$，$R_U^{\leqslant}$，$R_B^{<|>}$，$R_{LB}^{\geqslant}$，$R_{LB}^{\leqslant}$，$R_{UB}^{\geqslant}$，$R_{UB}^{\leqslant}$；反之不成立。

（2）如果 $P$ 是 $R_{LB}^{\geqslant}$ 或 $R_{UB}^{\geqslant}$，那么 $P$ 也是 $R_L^{\geqslant}$，$R_U^{\geqslant}$，$R_B^{<|>}$；反之不成立。

（3）如果 $P$ 是 $R_{LB}^{\leqslant}$ 或 $R_{UB}^{\leqslant}$，那么 $P$ 也是 $R_L^{\leqslant}$，$R_U^{\geqslant}$，$R_B^{<|>}$；反之不成立。

证明：

（1）$P$ 是 $R_L^{<>}$，则 $L_P^{\geqslant}=L_C^{\geqslant}$，$L_P^{\leqslant}=L_C^{\leqslant}$，且不存在 $P'\subset P$，使得 $L_{P'}^{\geqslant}=L_C^{\geqslant}$，$L_{P'}^{\geqslant}=L_C^{\leqslant}$。显然，$P$ 也是 $R_L^{\geqslant}$，$R_L^{\leqslant}$。反之，如果 $P$ 是 $R_L^{\geqslant}$（或 $R_L^{\leqslant}$），虽然 $L_P^{\geqslant}=L_C^{\geqslant}$（或 $L_P^{\leqslant}=L_C^{\leqslant}$），但不能保证 $L_P^{\leqslant}=L_C^{\leqslant}$（或 $L_P^{\geqslant}=L_C^{\geqslant}$），因此，$P$ 不一定是 $R_L^{<>}$。

$P$ 是 $R_U^{<>}$，则 $U_P^{\geqslant}=U_C^{\geqslant}$，$U_P^{\leqslant}=U_C^{\leqslant}$，且不存在 $P'\subset P$，使得 $U_{P'}^{\geqslant}=U_C^{\geqslant}$，$U_{P'}^{\leqslant}=U_C^{\leqslant}$。显然，$P$ 也是 $R_U^{\geqslant}$，$R_U^{\leqslant}$。反之，如果 $P$ 是 $R_U^{\geqslant}$（或 $R_U^{\leqslant}$），虽然 $U_P^{\geqslant}=U_C^{\geqslant}$（或 $U_P^{\leqslant}=U_C^{\leqslant}$），但不能保证 $U_P^{\leqslant}=U_C^{\leqslant}$（或 $U_P^{\geqslant}=U_C^{\geqslant}$），因此，$P$ 不一定是 $R_U^{<>}$。

由于 $B_P^{\geqslant}=U_P^{\geqslant}-L_P^{\geqslant}$，$B_P^{\leqslant}=U_P^{\leqslant}-L_P^{\leqslant}$，$B_C^{\geqslant}=U_C^{\geqslant}-L_C^{\geqslant}$，$B_C^{\leqslant}=U_C^{\leqslant}-L_C^{\leqslant}$，有 $B_P^{\geqslant}=B_C^{\geqslant}$，$B_P^{\leqslant}=B_C^{\leqslant}$。因此，$P$ 也是 $R_B^{<|>}$。反之，如果 $P$ 是 $R_B^{<|>}$，虽然 $B_P^{\geqslant}=B_C^{\geqslant}$（或 $B_P^{\leqslant}=B_C^{\leqslant}$），但不能保证 $L_P^{\geqslant}=L_C^{\geqslant}$，$L_P^{\leqslant}=L_C^{\leqslant}$，因此，$P$ 不一定是 $R_L^{<>}$。

由于 $L_P^{\geqslant}=L_C^{\geqslant}$，$B_P^{\geqslant}=B_C^{\geqslant}$，且不存在 $P'\subset P$，使得 $L_{P'}^{\geqslant}=L_C^{\geqslant}$，$B_{P'}^{\geqslant}=B_C^{\geqslant}$，从而 $P$ 也是 $R_{LB}^{\geqslant}$。反之，如果 $P$ 是 $R_{LB}^{\geqslant}$，虽然 $L_P^{\geqslant}=L_C^{\geqslant}$，$B_P^{\geqslant}=B_C^{\geqslant}$，但不能保证 $L_P^{\leqslant}=L_C^{\leqslant}$，因此，$P$ 不一定是 $R_L^{<>}$。

由于 $L_P^{\leqslant}=L_C^{\leqslant}$，$B_P^{\leqslant}=B_C^{\leqslant}$，且不存在 $P'\subset P$，使得 $L_{P'}^{\leqslant}=L_C^{\leqslant}$，$B_{P'}^{\leqslant}=B_C^{\leqslant}$，从而 $P$ 也是 $R_{LB}^{\leqslant}$。反之，如果 $P$ 是 $R_{LB}^{\leqslant}$，虽然 $L_P^{\leqslant}=L_C^{\leqslant}$，$B_P^{\leqslant}=B_C^{\leqslant}$，但不能保证 $L_P^{\geqslant}=L_C^{\geqslant}$，因此，$P$ 不一定是 $R_L^{<>}$。

由于 $U_P^{\geqslant}=U_C^{\geqslant}$，$B_P^{\geqslant}=B_C^{\geqslant}$，且不存在 $P'\subset P$，使得 $U_{P'}^{\geqslant}=U_C^{\geqslant}$，$B_{P'}^{\geqslant}=B_C^{\geqslant}$，从而 $P$ 也是 $R_{UB}^{\geqslant}$。反之，如果 $P$ 是 $R_{UB}^{\geqslant}$，虽然 $U_P^{\geqslant}=U_C^{\geqslant}$，$B_P^{\geqslant}=B_C^{\geqslant}$，但不能保证 $U_P^{\leqslant}=U_C^{\leqslant}$，因此，$P$ 不一定是 $R_U^{<>}$。

由于 $U_P^{\leqslant}=U_C^{\leqslant}$，$B_P^{\leqslant}=B_C^{\leqslant}$，且不存在 $P'\subset P$，使得 $U_{P'}^{\leqslant}=U_C^{\leqslant}$，$B_{P'}^{\leqslant}=B_C^{\leqslant}$，从而 $P$ 也是 $R_{UB}^{\leqslant}$。反之，如果 $P$ 是 $R_{UB}^{\leqslant}$，虽然 $U_P^{\leqslant}=U_C^{\leqslant}$，$B_P^{\leqslant}=B_C^{\leqslant}$，但不能保证 $U_P^{\geqslant}=U_C^{\geqslant}$，因此，$P$ 不一定是 $R_U^{<>}$。

（2）$P$ 是 $R_{LB}^{\geqslant}$，那么 $L_P^{\geqslant}=L_C^{\geqslant}$，$B_P^{\geqslant}=B_C^{\geqslant}$，且不存在 $P'\subset P$，使得 $L_{P'}^{\geqslant}=L_C^{\geqslant}$，$B_{P'}^{\geqslant}=B_C^{\geqslant}$。显然，$P$ 也是 $R_L^{\geqslant}$，$R_B^{<\vert>}$。反之，如果 $P$ 是 $R_L^{\geqslant}$（或 $R_B^{<\vert>}$），虽然 $L_P^{\geqslant}=L_C^{\geqslant}$（或 $B_P^{\geqslant}=B_C^{\geqslant}$），但不能保证 $B_P^{\geqslant}=B_C^{\geqslant}$（或 $L_P^{\geqslant}=L_C^{\geqslant}$），因此，$P$ 不一定是 $R_{LB}^{\geqslant}$。

$P$ 是 $R_{UB}^{\leqslant}$，那么 $U_P^{\leqslant}=U_C^{\leqslant}$，$B_P^{\leqslant}=B_C^{\leqslant}$，且不存在 $P'\subset P$，使得 $U_{P'}^{\leqslant}=U_C^{\leqslant}$，$B_{P'}^{\leqslant}=B_C^{\leqslant}$。显然，$P$ 也是 $R_U^{\leqslant}$，$R_B^{<\vert>}$。反之，如果 $P$ 是 $R_U^{\leqslant}$（或 $R_B^{<\vert>}$），虽然 $U_P^{\leqslant}=U_C^{\leqslant}$（或 $B_P^{\leqslant}=B_C^{\leqslant}$），但不能保证 $B_P^{\leqslant}=B_C^{\leqslant}$（或 $U_P^{\leqslant}=U_C^{\leqslant}$），因此，$P$ 不一定是 $R_{UB}^{\leqslant}$。

（3）$P$ 是 $R_{LB}^{\leqslant}$，那么 $L_P^{\leqslant}=L_C^{\leqslant}$，$B_P^{\leqslant}=B_C^{\leqslant}$，且不存在 $P'\subset P$，使得 $L_{P'}^{\leqslant}=L_C^{\leqslant}$，$B_{P'}^{\leqslant}=B_C^{\leqslant}$。显然，$P$ 也是 $R_L^{\leqslant}$，$R_B^{<\vert>}$。反之，如果 $P$ 是 $R_L^{\leqslant}$（或 $R_B^{<\vert>}$），虽然 $L_P^{\leqslant}=L_C^{\leqslant}$（或 $B_P^{\leqslant}=B_C^{\leqslant}$），但不能保证 $B_P^{\leqslant}=B_C^{\leqslant}$（或 $L_P^{\leqslant}=L_C^{\leqslant}$），因此，$P$ 不一定是 $R_{LB}^{\leqslant}$。

$P$ 是 $R_{UB}^{\geqslant}$，那么 $U_P^{\geqslant}=U_C^{\geqslant}$，$B_P^{\geqslant}=B_C^{\geqslant}$，且不存在 $P'\subset P$，使得 $U_{P'}^{\geqslant}=U_C^{\geqslant}$，$B_{P'}^{\geqslant}=B_C^{\geqslant}$。显然，$P$ 也是 $R_U^{\geqslant}$，$R_B^{<\vert>}$。反之，如果 $P$ 是 $R_U^{\geqslant}$（或 $R_B^{<\vert>}$），虽然 $U_P^{\geqslant}=U_C^{\geqslant}$（或 $B_P^{\geqslant}=B_C^{\geqslant}$），但不能保证 $B_P^{\geqslant}=B_C^{\geqslant}$（或 $U_P^{\geqslant}=U_C^{\geqslant}$），因此，$P$ 不一定是 $R_{UB}^{\geqslant}$。

根据定理 4-1 和 4-2，可建立 11 种约简的相互关系，如图 4-7 所示。

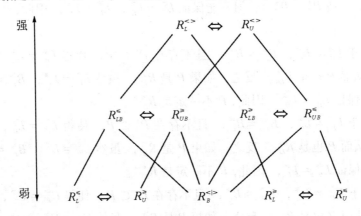

图 4-7　约简之间的相互关系

图 4-7 表明，关系最强的是 $R_L^{<>}$ 和 $R_U^{<>}$，次之的是 $R_{LB}^{\geqslant}$，$R_{LB}^{\leqslant}$，$R_{UB}^{\geqslant}$ 和 $R_{UB}^{\leqslant}$，最弱的是 $R_L^{\geqslant}$，$R_L^{\leqslant}$，$R_U^{\geqslant}$，$R_U^{\leqslant}$ 和 $R_B^{<\vert>}$。

### 4.4.2　基于组合粗糙熵的属性约简

基于 DRSA 模型的约简一般可采用分辨矩阵法来求得[126,133-136]，然而分辨矩阵法无法判别对象的一致程度，因此不能用它来求 EC-DRSA 模型的约简。本书研究了偏好决策系统的不确定性，并把它作为启发信息来求 EC-DRSA 模型的约简。

在粗糙集理论中，不确定性主要由两个因素产生：一是来自论域上二元关系产生的知识粒度，这种不确定性称为知识的不确定性；二是来自给定论域上的粗糙集的边界，这种不确定性称为粗糙集的不确定性。本书针对 EC-DRSA 模型，引入粗糙熵来度量偏好决策系统的知识不确定性，采用目标决策类集的粗糙度来度量粗糙集的不确定性，最后结合知识的粗糙熵和粗糙集的粗糙度，提出了组合粗糙熵的不确定性度量方法，进而提出了基于组合粗糙熵的属性约简算法（combination rough entropy based attribute reduction，CREAR）。

#### 4.4.2.1　组合粗糙熵

粗糙熵通常用于描述一般信息系统的知识粗糙程度[61,137-138]，本书把粗糙熵引入偏好决策系统中，结合粗糙度，建立了度量偏好决策系统不确定性的组合粗糙熵。

【定义 4-16】给定偏好决策系统 DDS = $(U, C \cup D, V, f)$，$P \subseteq C$。那么属性集 $P$ 在 $U$ 上的粗糙熵可定义为：

$$E^+(P) = -\frac{1}{|U|} \sum_{i=1}^{|U|} \log_2 \frac{1}{|D_P^+(u_i)|} \tag{4-20}$$

$$E^-(P) = -\frac{1}{|U|} \sum_{i=1}^{|U|} \log_2 \frac{1}{|D_P^-(u_i)|} \tag{4-21}$$

其中，$1/|D_P^+(u_i)|$ 和 $1/|D_P^-(u_i)|$ 分别表示 $D_P^+(u_i)$ 和 $D_P^-(u_i)$ 的对象的概率。

【性质 4-3】给定偏好决策系统 DDS = $(U, C \cup D, V, f)$，$Q \subseteq P \subseteq C$。那么 $E^+(P) \leqslant E^+(Q)$，$E^-(P) \leqslant E^-(Q)$。

证明：$Q \subseteq P$，则 $\forall u_i \in U$，有 $D_P^+(u_i) \subseteq D_Q^+(u_i)$，$|D_P^+(u_i)| \leqslant |D_Q^+(u_i)|$。于是，

$$E^+(P) = -\frac{1}{|U|} \sum_{i=1}^{|U|} \log_2 \frac{1}{|D_P^+(u_i)|} = \frac{1}{|U|} \sum_{i=1}^{|U|} \log_2 |D_P^+(u_i)|$$

$$\leqslant \frac{1}{|U|} \sum_{i=1}^{|U|} \log_2 | D_Q^+(u_i) | = E^+(Q)$$

因此，$E^+(P) \leqslant E^+(Q)$。同理可证，$E^-(P) \leqslant E^-(Q)$。

性质 4-3 说明，属性越多，刻画的知识粒度越精细，粗糙熵就越小。

【定义 4-17】给定偏好决策系统 DDS $= (U, C \cup D, V, f)$，$P \subseteq C$。那么决策类集 $Cl_t^{\geqslant}$ 和 $Cl_t^{\leqslant}$ 关于属性集 $P$ 的粗糙度可分别定义为：

$$\mu_P(Cl_t^{\geqslant}) = 1 - \frac{| \underline{D}_P^\alpha(Cl_t^{\geqslant}) |}{| \overline{D}_P^\alpha(Cl_t^{\geqslant}) |} \tag{4-22}$$

$$\mu_P(Cl_t^{\leqslant}) = 1 - \frac{| \underline{D}_P^\alpha(Cl_t^{\leqslant}) |}{| \overline{D}_P^\alpha(Cl_t^{\leqslant}) |} \tag{4-23}$$

粗糙度刻画了属性集 $P$ 的分类能力。当 $\underline{D}_P^\alpha(Cl_t^{\geqslant}) = \overline{D}_P^\alpha(Cl_t^{\geqslant})$，$\mu_P(Cl_t^{\geqslant}) = 0$，说明 $P$ 能准确地刻画向上决策类集；当 $\underline{D}_P^\alpha(Cl_t^{\geqslant}) = \varnothing$，$\mu_P(Cl_t^{\geqslant}) = 1$，说明 $P$ 完全不能区分向上决策类集；当 $\underline{D}_P^\alpha(Cl_t^{\leqslant}) = \overline{D}_P^\alpha(Cl_t^{\leqslant})$，$\mu_P(Cl_t^{\leqslant}) = 0$，说明 $P$ 能准确地刻画向下决策类集；当 $\underline{D}_P^\alpha(Cl_t^{\leqslant}) = 0$，$\mu_P(Cl_t^{\leqslant}) = 1$，说明 $P$ 完全不能区分向下决策类集。

根据属性集粗糙熵和集合粗糙度，可定义组合粗糙熵。

【定义 4-18】给定偏好决策系统 DDS $= (U, C \cup D, V, f)$，$P \subseteq C$。那么决策类集 $Cl_t^{\geqslant}$ 和 $Cl_t^{\leqslant}$ 关于属性集 $P$ 的组合粗糙熵可分别定义为：

$$E_P(Cl_t^{\geqslant}) = E^+(P)(1 + \mu_P(Cl_t^{\geqslant})) \tag{4-24}$$

$$E_P(Cl_t^{\leqslant}) = E^-(P)(1 + \mu_P(Cl_t^{\leqslant})) \tag{4-25}$$

组合粗糙熵不但恰当地反映了粗糙集理论中的粗糙性测量，而且更好地反映了知识的不确定性和集合的不确定性这两个概念之间的关系。

【性质 4-4】给定偏好决策系统 DDS $= (U, C \cup D, V, f)$，$Q \subseteq P \subseteq C$。那么 $E_P(Cl_t^{\geqslant}) \leqslant E_Q(Cl_t^{\geqslant})$，$E_P(Cl_t^{\leqslant}) \leqslant E_Q(Cl_t^{\leqslant})$。

证明：$Q \subseteq P$，则 $\underline{D}_Q^\alpha(Cl_t^{\geqslant}) \subseteq \underline{D}_P^\alpha(Cl_t^{\geqslant})$，$\overline{D}_Q^\alpha(Cl_t^{\geqslant}) \supseteq \overline{D}_P^\alpha(Cl_t^{\geqslant})$。于是，$| \underline{D}_Q^\alpha(Cl_t^{\geqslant}) | \leqslant | \underline{D}_P^\alpha(Cl_t^{\geqslant}) |$，$1/| \overline{D}_Q^\alpha(Cl_t^{\geqslant}) | \leqslant | \overline{D}_P^\alpha(Cl_t^{\geqslant}) |$。从而

$$\frac{| \underline{D}_Q^\alpha(Cl_t^{\geqslant}) |}{| \overline{D}_Q^\alpha(Cl_t^{\geqslant}) |} \leqslant \frac{| \underline{D}_P^\alpha(Cl_t^{\geqslant}) |}{| \overline{D}_P^\alpha(Cl_t^{\geqslant}) |} \Rightarrow 1 - \frac{| \underline{D}_P^\alpha(Cl_t^{\geqslant}) |}{| \overline{D}_P^\alpha(Cl_t^{\geqslant}) |} \leqslant 1 -$$

$\frac{| \underline{D}_Q^\alpha(Cl_t^{\geqslant}) |}{| \overline{D}_Q^\alpha(Cl_t^{\geqslant}) |} \Rightarrow \mu_P(Cl_t^{\geqslant}) \leqslant \mu_Q(Cl_t^{\geqslant})$。

另一方面，$Q \subseteq P$，可得 $E^+(P) \leqslant E^+(Q)$。因此，$E_P(Cl_t^{\geqslant}) = E^+$

$(P)(1 + \mu_P(Cl_t^{\geqslant})) \leqslant E^+(Q)(1 + \mu_Q(Cl_t^{\geqslant})) = E_Q(Cl_t^{\geqslant})$，即 $E_P(Cl_t^{\geqslant}) \leqslant$
$E_Q(Cl_t^{\geqslant})$。同理可证，$E_P(Cl_t^{\leqslant}) \leqslant E_Q(Cl_t^{\leqslant})$。证毕。

性质 4-4 说明，属性越多，知识的不确定性和目标集合的不确定性越小，那么目标集合在该属性集下的组合粗糙熵就越小。当知识不确定性不变时，目标集合的粗糙度越小，组合粗糙熵就越小；当目标集合的粗糙度不变时，知识的不确定性越小，组合粗糙熵就越小。组合粗糙熵准确刻画了偏好决策系统的不确定性。

#### 4.4.2.2 属性重要度度量

**【定义 4-19】**给定偏好决策系统 DDS = $(U, C \cup D, V, f)$，$P \subseteq C$。则 DDS 在属性集 $P$ 下的平均组合粗糙熵可定义为：

$$\hat{E}_P(S) = \frac{1}{n} \sum_{t=1}^{n} \frac{E_P(Cl_t^{\geqslant}) + E_P(Cl_t^{\leqslant})}{2} \tag{4-26}$$

其中，$t \in \{1, 2, \cdots, n\}$。

**【性质 4-5】**给定偏好决策系统 DDS = $(U, C \cup D, V, f)$，$Q \subseteq P \subseteq C$。那么 $\hat{E}_P(S) \leqslant \hat{E}_Q(S)$。

证明：$Q \subseteq P$，则 $E_P(Cl_t^{\geqslant}) \leqslant E_Q(Cl_t^{\geqslant})$，$E_P(Cl_t^{\leqslant}) \leqslant E_Q(Cl_t^{\leqslant})$。那么

$$\hat{E}_P(S) = \frac{1}{n} \sum_{t=1}^{n} \frac{E_P(Cl_t^{\geqslant}) + E_P(Cl_t^{\leqslant})}{2} \leqslant \frac{1}{n} \sum_{t=1}^{n} \frac{E_Q(Cl_t^{\geqslant}) + E_Q(Cl_t^{\leqslant})}{2} = \hat{E}_Q(S)$$

因此，$\hat{E}_P(S) \leqslant \hat{E}_Q(S)$。证毕。

根据平均组合粗糙熵，可定义属性重要度。

**【定义 4-20】**给定偏好决策系统 DDS = $(U, C \cup D, V, f)$，$P \subseteq C$，$a \in C - P$。则 $a$ 相对于 $P$ 的重要度可定义为：

$$\text{Sig}^E(a, P, D) = \hat{E}_P(S) - \hat{E}_{P \cup \{a\}}(S) \tag{4-27}$$

$\text{Sig}^E(a, P, D)$ 反映了把 $a$ 加入 $P$ 后，系统平均组合粗糙熵的变化。变化值越大，说明 $a$ 的重要度越大。

#### 4.4.2.3 CREAR 算法

把组合粗糙熵度量的属性重要度作为启发信息，将决策类集的分类质量作为约简的判定准则，建立基于组合粗糙熵的属性约简算法——CREAR 算法。组合粗糙熵综合考虑了偏好决策系统的知识不确定性和目标决策类集的集合不确定性，能更精确地刻画属性的分类能力，启发 CREAR 算法快速找到高质量的约简。算法具体描述如表 4-2：

表 4-2　CREAR 算法

输入
$\quad$ $U$ $\quad\quad$ 样本集，$U = \{u_1,\ u_2,\ \cdots,\ u_m\}$
$\quad$ $C$ $\quad\quad$ 条件属性集，$C = \{a_1,\ a_2,\ \cdots,\ a_n\}$
$\quad$ $D$ $\quad\quad$ 决策属性集，$D = \{d\}$
$\quad$ $\alpha$ $\quad\quad$ 一致程度阈值
输出
$\quad$ red $\quad\quad$ $C$ 的约简

---

Procedure CREAR $(U,\ C,\ D,\ \alpha)$
$\quad$ Let $R = C,\ P = \varnothing$
$\quad$ Compute $\gamma_C(Cl)$ using Eq. (4-11)
$\quad$ While $\gamma_P(Cl) \neq \gamma_C(Cl)$ and $R \neq \varnothing$ do
$\quad\quad$ For $i = 1$ to $|R|$ do
$\quad\quad\quad$ Compute $D_{P \cup \{a_i\}}^+(u)$ and $D_{P \cup \{a_i\}}^-(u)$ for every $u \in U$ using Eq. (4-2) and Eq. (4-3)
$\quad\quad\quad$ Compute $\underline{D}_{P \cup \{a_i\}}^{\alpha}(Cl_t^{\geqslant})$, $\underline{D}_{P \cup \{a_i\}}^{\alpha}(Cl_t^{\leqslant})$, $\overline{D}_{P \cup \{a_i\}}^{\alpha}(Cl_t^{\geqslant})$, and $\overline{D}_{P \cup \{a_i\}}^{\alpha}(Cl_t^{\leqslant})$ for every $t \in \{1,\ 2,\ \cdots,\ n\}$ using Eq. (4-14), Eq. (4-15), Eq. (4-16), and Eq. (4-17)
$\quad\quad\quad$ Compute $E^+(P \cup \{a_i\})$ and $E^-(P \cup \{a_i\})$ using Eq. (4-20) and Eq. (4-21)
$\quad\quad\quad$ Compute $\mu_{P \cup \{a_i\}}(Cl_t^{\geqslant})$ and $\mu_{P \cup \{a_i\}}(Cl_t^{\leqslant})$ using Eq. (4-22) and Eq. (4-23)
$\quad\quad\quad$ Compute $E_{P \cup \{a_i\}}(Cl_t^{\geqslant})$ and $E_{P \cup \{a_i\}}(Cl_t^{\leqslant})$ using Eq. (4-24) and Eq. (4-25)
$\quad\quad\quad$ Compute $\hat{E}_{P \cup \{a_i\}}(S)$ using Eq. (4-26)
$\quad\quad\quad$ $\mathrm{Sig}^E(a,\ P,\ D) = \hat{E}_{P \cup \{a_i\}}(S) - \hat{E}_P(S)$
$\quad\quad$ End For
$\quad\quad$ Select $a_{\mathrm{opt}}$ matching $\mathrm{Sig}^E(a_{\mathrm{opt}},\ P,\ D) = \max\{\mathrm{Sig}^E(a_i,\ P,\ D) \mid i = 1,\ 2,\ \cdots,\ |R|\}$
$\quad\quad$ $\hat{E}_P(S) = \hat{E}_{P \cup \{a_{\mathrm{opt}}\}}(S),\ P = P \cup \{a_{\mathrm{opt}}\},\ R = R - \{a_{\mathrm{opt}}\}$
$\quad\quad$ Compute $\gamma_C(Cl)$ using Eq. (4-11)
$\quad$ End While
$\quad$ red $= P$
$\quad$ Output red
End Procedure

$\quad$ CREAR 算法采用了保持约简前后分类质量不变的策略，实质上是保持了决策类集的边界不变，因此，CREAR 算法求出的约简属于边界约简。

### 4.4.3　实例分析

$\quad$ 给定偏序决策系统 DDS $= (U,\ C \cup D,\ V,\ f)$，如表 4-3 所示[139]。其中，$U = \{u_1,\ u_2,\ \cdots,\ u_{12}\}$，$C = \{a_1,\ a_2,\ \cdots,\ a_5\}$，$D = \{d\}$，所有属性都是偏好属性。

表 4-3　一个偏好决策系统实例

| Object | $a_1$ | $a_2$ | $a_3$ | $a_4$ | $a_5$ | $d$ |
|--------|-------|-------|-------|-------|-------|-----|
| $u_1$ | 140.0 | 22.4 | 46.3 | 8.9 | 33.85 | 2 |
| $u_2$ | 144.0 | 5.0 | 97.4 | 7.9 | 40.7 | 1 |
| $u_3$ | 170.0 | 5.72 | 81.3 | 7.67 | 36.8 | 2 |
| $u_4$ | 158.0 | 2.93 | 94.8 | 8.06 | 39.6 | 1 |
| $u_5$ | 156.0 | 7.58 | 97.7 | 8.08 | 40.1 | 2 |
| $u_6$ | 136.0 | 5.47 | 95.1 | 9.93 | 41.3 | 2 |
| $u_7$ | 143.0 | 27.1 | 20.0 | 8.1 | 38.3 | 2 |
| $u_8$ | 142.0 | 0.83 | 99.1 | 0.13 | 41.6 | 1 |
| $u_9$ | 160.0 | 0.87 | 99.9 | 0.12 | 40.6 | 1 |
| $u_{10}$ | 166.0 | 0.87 | 98.2 | 0.12 | 40.61 | 1 |
| $u_{11}$ | 124.0 | 0.87 | 84.0 | 0.12 | 45.0 | 1 |
| $u_{12}$ | 115.0 | 0.91 | 100.0 | 0.12 | 45.0 | 1 |

根据决策属性 $d$ 可以将 $U$ 划分为 $Cl_1 = \{u_2,\ u_4,\ u_8,\ u_9,\ u_{10},\ u_{11},$ $u_{12}\}$ 和 $Cl_2 = \{u_1,\ u_3,\ u_5,\ u_6,\ u_7\}$。因此，经过近似处理的集合为 $Cl_1^{\leqslant} =$ $\{u_2,\ u_4,\ u_8,\ u_9,\ u_{10},\ u_{11},\ u_{12}\}$ 和 $Cl_2^{\geqslant} = \{u_1,\ u_3,\ u_5,\ u_6,\ u_7\}$。

根据 CREAR 算法，设 $\alpha = 0.75$，有如下的计算结果：

(1) $P = \varnothing$，加入 $a_1$ 时，令 $P' = P \cup \{a_1\}$，有

$E^+(P') = 2.403\ 0$，$E^-(P') = 2.403\ 0$；

$\underline{D}_{P'}^{\alpha}(Cl_2^{\geqslant}) = \{u_3\}$，$\overline{D}_{P'}^{\alpha}(Cl_2^{\geqslant}) = \{u_1,\ u_2,\ u_3,\ u_4,\ u_5,\ u_6,\ u_7,\ u_8,$ $u_9,\ u_{10}\}$；

$\underline{D}_{P'}^{\alpha}(Cl_1^{\leqslant}) = \{u_8,\ u_{11},\ u_{12}\}$，$\overline{D}_{P'}^{\alpha}(Cl_1^{\leqslant}) = \{u_1,\ u_2,\ u_4,\ u_5,\ u_6,\ u_7,$ $u_8,\ u_9,\ u_{10},\ u_{11},\ u_{12}\}$；

$\mu_{P'}(Cl_2^{\geqslant}) = 0.900\ 0$，$\mu_{P'}(Cl_1^{\leqslant}) = 0.727\ 0$；$E_{P'}(Cl_2^{\geqslant}) = 4.565\ 7$，$E_{P'}(Cl_1^{\leqslant}) = 4.150\ 7$；

$\hat{E}_{P'}(S) = 9.163\ 9$，$a_2 \mathrm{Sig}^E(a_1,\ P,\ D) = 0.448\ 2$。

(2) $P = \varnothing$，加入 $\alpha_2$ 时，令 $P' = P \cup \{a_2\}$，有

$E^+(P') = 2.438\ 5$，$E^-(P') = 2.520\ 9$；

$\underline{D}_{P'}^{\alpha}(Cl_2^{\geqslant}) = \{u_1,\ u_3,\ u_5,\ u_6,\ u_7\}$，$\overline{D}_{P'}^{\alpha}(Cl_2^{\geqslant}) = \{u_1,\ u_3,\ u_5,$

$u_6$, $u_7$};

$\underline{D}_{P'}^{\alpha}(Cl_1^{\leqslant}) = \{u_2, u_4, u_8, u_9, u_{10}, u_{11}, u_{12}\}$, $\overline{D}_{P'}^{\alpha}(Cl_1^{\leqslant}) = \{u_2, u_4, u_8, u_9, u_{10}, u_{11}, u_{12}\}$;

$\mu_{P'}(Cl_2^{\geqslant}) = 0$, $\mu_{P'}(Cl_1^{\leqslant}) = 0$; $E_{P'}(Cl_2^{\geqslant}) = 2.438\ 5$, $E_{P'}(Cl_1^{\leqslant}) = 2.520\ 9$;

$\hat{E}_{P'}(S) = 7.439\ 1$, $\mathrm{Sig}^E(a_2, P, D) = 2.479\ 7$。

(3) $P = \varnothing$, 加入 $a_3$ 时, 令 $P' = P \cup \{a_3\}$, 有

$E^+(P') = 2.403\ 0$, $E^-(P') = 2.403\ 0$;

$\underline{D}_{P'}^{\alpha}(Cl_2^{\geqslant}) = \varnothing$, $\overline{D}_{P'}^{\alpha}(Cl_2^{\geqslant}) = \{u_1, u_2, u_3, u_4, u_5, u_6, u_7, u_8, u_9, u_{10}, u_{11}, u_{12}\}$;

$\underline{D}_{P'}^{\alpha}(Cl_1^{\leqslant}) = \varnothing$, $\overline{D}_{P'}^{\alpha}(Cl_1^{\leqslant}) = \{u_1, u_2, u_3, u_4, u_5, u_6, u_7, u_8, u_9, u_{10}, u_{11}, u_{12}\}$;

$\mu_{P'}(Cl_2^{\geqslant}) = 1$, $\mu_{P'}(Cl_1^{\leqslant}) = 1$; $E_{P'}(Cl_2^{\geqslant}) = 2.806\ 0$, $E_{P'}(Cl_1^{\leqslant}) = 4.806\ 0$;

$\hat{E}_{P'}(S) = 9.612\ 0$, $\mathrm{Sig}^E(a_3, P, D) = 0$。

(4) $P = \varnothing$, 加入 $a_4$ 时, 令 $P' = P \cup \{a_4\}$, 有

$E^+(P') = 2.469\ 9$, $E^-(P') = 2.687\ 5$;

$\underline{D}_{P'}^{\alpha}(Cl_2^{\geqslant}) = \{u_1, u_5, u_6, u_7\}$, $\overline{D}_{P'}^{\alpha}(Cl_2^{\geqslant}) = \{u_1, u_3, u_5, u_6, u_7\}$;

$\underline{D}_{P'}^{\alpha}(Cl_1^{\leqslant}) = \{u_2, u_4, u_8, u_9, u_{10}, u_{11}, u_{12}\}$, $\overline{D}_{P'}^{\alpha}(Cl_1^{\leqslant}) = \{u_2, u_3, u_4, u_8, u_9, u_{10}, u_{11}, u_{12}\}$;

$\mu_{P'}(Cl_2^{\geqslant}) = 0.2$, $\mu_{P'}(Cl_1^{\leqslant}) = 0.125$; $E_{P'}(Cl_2^{\geqslant}) = 2.963\ 9$, $E_{P'}(Cl_1^{\leqslant}) = 3.020\ 6$;

$\hat{E}_{P'}(S) = 8.149\ 7$, $\mathrm{Sig}^E(a_4, P, D) = 2.165\ 1$。

(5) $P = \varnothing$, 加入 $a_5$ 时, 令 $P' = P \cup \{a_5\}$, 有

$E^+(P') = 2.486\ 3$, $E^-(P') = 2.413\ 4$;

$\underline{D}_{P'}^{\alpha}(Cl_2^{\geqslant}) = \varnothing$, $\overline{D}_{P'}^{\alpha}(Cl_2^{\geqslant}) = \{u_1, u_2, u_3, u_4, u_5, u_6, u_7, u_8, u_9, u_{10}, u_{11}, u_{12}\}$;

$\underline{D}_{P'}^{\alpha}(Cl_1^{\leqslant}) = \varnothing$, $\overline{D}_{P'}^{\alpha}(Cl_1^{\leqslant}) = \{u_1, u_2, u_3, u_4, u_5, u_6, u_7, u_8, u_9, u_{10}, u_{11}, u_{12}\}$;

$\mu_{P'}(Cl_2^{\geqslant}) = 1$, $\mu_{P'}(Cl_1^{\leqslant}) = 1$; $E_{P'}(Cl_2^{\geqslant}) = 4.972\ 6$, $E_{P'}(Cl_1^{\leqslant}) = 4.826\ 8$;

$\hat{E}_{P'}(S) = 9.799\ 4$, $\mathrm{Sig}^E(a_5, P, D) = 0$。

由于 $\mathrm{Sig}^E(a_2, P, D)$ 最大, 因此, $a_{\mathrm{opt}} = a_2$。当 $P = \{a_2\}$ 时, $\gamma_P(Cl) = \gamma_C(Cl)$, 从而可得 $\mathrm{red} = a_2$。

根据 $\underline{D}_P^\alpha(Cl_2^\geq)$ 和 $\underline{D}_P^\alpha(Cl_1^\leq)$，可以生成以下两个偏好决策规则：

其一："至少"决策规则

如果 $f(v, a_2) \geqslant 5.47$，那么 $v \in Cl_2^\geq$。

其二："至多"决策规则

如果 $f(v, a_2) \leqslant 5.0$，那么 $v \in Cl_1^\leq$。

## 4.5　小节

研究适应干扰情况下的 DRSA 模型，是粗糙集理论研究的一个重要课题。本章针对这一问题，提出了优势类和劣势类决策子区的概念，分析了对象的相对一致性，建立了强化一致优势的对象分类策略，从而提出了强化一致优势分类模型（EC-DRSA）。EC-DRSA 模型能有效地消除噪声对分类的影响，具有很强的抗干扰能力。

基于 EC-DRSA 模型，本章归纳了向上下近似约简 $R_L^\geq$、向下下近似约简 $R_L^\leq$、下近似约简 $R_L^{<>}$、向上上近似约简 $R_U^\geq$、向下上近似约简 $R_U^\leq$、上近似约简 $R_U^{<>}$、边界约简 $R_B^{<|>}$、向上下近似边界约简 $R_{LB}^\geq$、向下下近似边界约简 $R_{LB}^\leq$、向上上近似边界约简 $R_{UB}^\geq$ 和向下上近似边界约简 $R_{UB}^\leq$ 等 11 种约简。其中，$R_L^{<>}$ 和 $R_U^{<>}$ 是等价的，也是关系最强的；$R_{LB}^\geq$ 和 $R_{UB}^\leq$ 是等价的，$R_{LB}^\leq$ 和 $R_{UB}^\geq$ 是等价的，这四种约简关系较弱；$R_L^\leq$ 和 $R_U^\geq$ 是等价的，$R_L^\geq$ 和 $R_U^\leq$ 是等价的，这四种约简以及 $R_B^{<|>}$ 关系最弱。

本章提出了基于组合粗糙熵的属性约简算法（CREAR）。组合粗糙熵综合考虑了偏好决策系统的知识不确定性和目标决策类集的集合不确定性，能够启发 CREAR 算法快速找到高质量的约简。

# 5 混合数据分类模型及其在态势评估系统中的应用

## 5.1 引论

分类学习是知识发现的一大类任务。在现实应用中，描述分类问题的数据往往是复杂多样的[140-142]：从类型看，有符号型、整型、数值型、集值型等；从是否包含未知值看，有不完备型和完备型；从人为喜好看，有偏好型和一般型。美国加州大学机器学习与智能系统研究中心收集的分类学习测试数据[94]显示，很多领域，如金融分析、社会统计、医疗诊断、生命科学、信息安全等，都存在大量的由多种类型数据共同描述的分类问题。研究多类型数据共存的分类模型，对于知识发现的理论研究以及许多领域的应用都具有重要的价值。

本章针对符号型数据、数值型数据、偏好型数据共同描述的分类问题，提出混合数据分类模型（hybrid data rough set model，HDRS），并将 HDRS 模型应用于面向统一场的态势评估系统中。

本章其他部分是这样组织的：5.2 节描述了 HDRS 模型；5.3 节介绍了面向统一场的态势评估系统以及 HDRS 模型在态势评估系统中的应用；5.4 节对本章内容进行了小结。

## 5.2 HDRS 模型

给定一个偏好决策系统 DDS = $(U,\ C \cup D,\ V,\ f)$。其中，论域 $U$ 是非空对象集；条件属性集 $C = C_1 \cup C_2 \cup C_3$ 且 $C_1 \cap C_2 \cap C_3 = \varnothing$，$C_1$ 是一般符号型属性集，$C_2$ 是一般数值型属性集，$C_3$ 是偏好属性集；决策集 $D = \{d\}$ 是偏好属性集；$V$ 是值域；信息函数 $f: U \times C \cup D \rightarrow V$。分别对 $C_1$、$C_2$、$C_3$ 采用容差关系、邻域关系、优势关系，可以建立论域 $U$ 上的混合二元关系。

【定义 5-1】给定偏好决策系统 DDS = $(U,\ C \cup D,\ V,\ f)$，$C = C_1 \cup C_2 \cup C_3$，对于任一条件属性子集 $P = P_1 \cup P_2 \cup P_3$，其中，$P_1 \subseteq C_1$，$P_2 \subseteq C_2$，$P_3 \subseteq C_3$，$P$ 决定了一个混合二元关系，可定义为

$$H(P) = \mathrm{SIM}(P_1) \cap \mathrm{SIM}(P_2) \cap \mathrm{SIM}(P_3) \qquad (5-1)$$

$H(P)$ 本质上是一个优势关系，具有自反性和传递性。根据混合二元关系，可以对偏好决策系统中的对象定义其优势集和劣势集。

【定义 5-2】给定偏好决策系统 DDS = $(U,\ C \cup D,\ V,\ f)$，$C = C_1 \cup C_2 \cup C_3$，$P_1 \subseteq C_1$，$P_2 \subseteq C_2$，$P_3 \subseteq C_3$，$P = P_1 \cup P_2 \cup P_3$。那么对象 $u$ 在 $P$ 下的优势集和劣势集可分别定义为：

$$H_P^+(u) = \{v \in U \mid (v,\ u) \in H(P)\} \qquad (5-2)$$

$$H_P^-(u) = \{v \in U \mid (u,\ v) \in H(P)\} \qquad (5-3)$$

优势集 $H_P^+(u)$ 描述的是在属性集 $P_1$ 下容差等价于 $u$，在属性集 $P_2$ 下 $\delta$ 近似等价于 $u$，且在属性集 $P_3$ 下优于或者等于 $u$ 的对象的集合；劣势集 $H_P^-(u)$ 描述的是在属性集 $P_1$ 下容差等价于 $u$，在属性集 $P_2$ 下 $\delta$ 近似等价于 $u$，且在属性集 $P_3$ 下劣于或者等于 $u$ 的对象的集合。

【定义 5-3】给定偏好决策系统 DDS = $(U,\ C \cup D,\ V,\ f)$，$C = C_1 \cup C_2 \cup C_3$，$P_1 \subseteq C_1$，$P_2 \subseteq C_2$，$P_3 \subseteq C_3$，$P = P_1 \cup P_2 \cup P_3$，$Cl = \{Cl_t \mid t = 1, 2, \cdots, n\}$，$\alpha \in (0.5, 1]$。那么 $Cl_t^{\geqslant}$ 和 $Cl_t^{\leqslant}$ 在 $P$ 下的下近似可分别定义为：

$$\underline{H}_P^{\alpha}(Cl_t^{\geqslant}) = \left\{ u \in Cl_t^{\geqslant} \mid \frac{\mid (H_P^-(u) \cup H_P^+(u)) \cap Cl_t^{\geqslant} \mid}{\mid (H_P^-(u) \cap Cl_t^{\geqslant}) \cup H_P^+(u) \mid} \geqslant \alpha \right\} \quad (5-4)$$

$$\underline{H}_P^\alpha(Cl_t^\leqslant) = \{u \in Cl_t^\leqslant \mid \frac{\mid (H_P^-(u) \cup H_P^+(u)) \cap Cl_t^\leqslant \mid}{\mid (H_P^+(u) \cap Cl_t^\leqslant) \cup H_P^-(u) \mid} \geqslant \alpha\} \quad (5-5)$$

$Cl_t^\geqslant$ 和 $Cl_t^\leqslant$ 在 $P$ 下的上近似可分别定义为：

$$\overline{H}_P^\alpha(Cl_t^\geqslant) = Cl_t^\geqslant \cup \{u \in Cl_t^\leqslant \mid \frac{\mid (H_P^-(u) \cup Cl_t^\geqslant \mid}{\mid H_P^-(u) \mid} \geqslant 1 - \alpha\} \quad (5-6)$$

$$\overline{H}_P^\alpha(Cl_t^\leqslant) = Cl_t^\leqslant \cup \{u \in Cl_t^\leqslant \mid \frac{\mid (H_P^+(u) \cup Cl_t^\leqslant \mid}{\mid H_P^+(u) \mid} \geqslant 1 - \alpha\} \quad (5-7)$$

$Cl_t^\geqslant$ 和 $Cl_t^\leqslant$ 在 $P$ 下的边界可分别定义为：

$$\mathrm{BND}_P^\alpha(Cl_t^\geqslant) = \overline{H}_P^\alpha(Cl_t^\geqslant) - \underline{H}_P^\alpha(Cl_t^\geqslant) \quad (5-8)$$

$$\mathrm{BND}_P^\alpha(Cl_t^\leqslant) = \overline{H}_P^\alpha(Cl_t^\leqslant) - \underline{H}_P^\alpha(Cl_t^\leqslant) \quad (5-9)$$

HDRS 模型实际上是 EC-DRSA 模型的扩展，当 $C_1 = \varnothing$ 且 $C_2 = \varnothing$ 时，HDRS 模型就退化为 EC-DRSA 模型。基于 HDRS 模型的特征选择算法与 CREAR 算法类似，这里不再赘述。

## 5.3 HDRS 模型在面向统一场的态势评估系统中的应用

### 5.3.1 统一场概述

统一场是一种全新的针对多维战场态势信息处理的系统架构，可分为认知域、信息域、处理域。它把陆、海、空、天、磁组成的多维空间作为认知域，把多维空间中产生的各类态势信息作为信息域，把战场态势的感知、融合、形成、评估和预测等五个环节作为处理域。统一场的组成如图 5-1 所示。

统一场通过统一信息访问协议，把认知域与处理域联系起来，构成了认知处理场；通过统一信息表示方法，把信息域与认知域联系起来，构成了信息认知场；通过统一信息处理模型，把信息域与处理域联系起来，构成了信息处理场。认知处理场、信息认知场和信息处理场如图 5-2 所示。

认知处理场、信息认知场和信息处理场有机地整合在一起，形成了统一场，如图 5-3 所示。

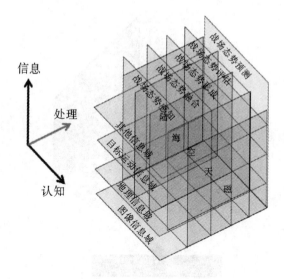

**图 5-1 统一场的组成**

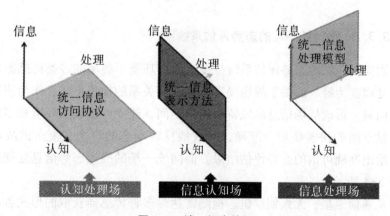

**图 5-2 统一场中的场**

　　统一场在宏观指挥层面下,把陆、海、空、天、磁等所有战场空间领域,以及战场存在期间的所有时段、各个时间节点共同作用下的战场信息认知空间,采用场势的形式进行统一描述、统一计算和统一管理。统一描述模型是统一场的基础和核心;统一计算是提高战场作战效率、完善战场保障、实时武器装备形式化验证的重要手段;统一管理是战场态势控制的重要目标,更是世界强国竞争的重要领域。

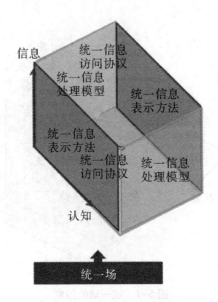

图 5-3  统一场的组成原理

### 5.3.2  面向统一场的态势评估系统

面向统一场的态势评估系统将多维战场环境下各域的多类传感器数据经过处理变为统一的关于战场要素、属性和关系的描述形式，作为该域的特征向量，形成战场信息多域特征向量空间，建立多维战场环境和多域特征向量空间的快速映射，准确、高效地反映动态的真实和复杂的战场态势，给出准确可信的态势评估结果。面向统一场的战场态势信息处理过程如图 5-4 所示。

从通信卫星、无人侦察机、检测雷达等多种传感器获取的形式各异的信息需要进行统一的表示，从而形成一致的战场信息空间；然后，基于不同的作战需求和规则，生成多个标准战场要素集，用于战场态势的综合分析与预测，并推断作战意图、行动部署、威胁估计等，为战场指挥员提供实时、精确、可行的辅助决策信息。

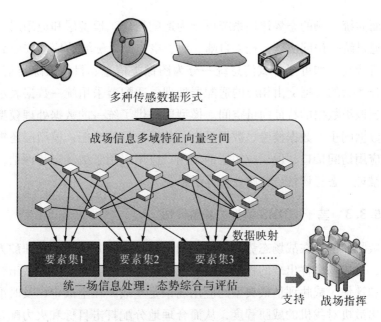

多种传感数据形式

图 5-4　面向统一场的态势信息处理过程

面向统一场的态势评估系统总体结构如图 5-5 所示。

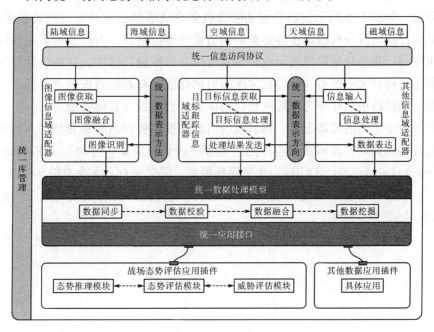

图 5-5　面向统一场的态势评估系统总体结构图

面向统一场的态势评估系统可分为适配器层、模型层和应用层。适配器层通过统一访问协议，把来自陆、海、空、天、磁域的信息按照数据类型进行分类，如可把各域信息统一分为图像类信息、目标跟踪类信息等，并把分类后的数据交由相应的适配器处理，适配器采用统一数据表示方法建立起该类数据的特征向量空间。模型层提供了统一的数据处理模型，可完成数据同步、数据校验、数据融合、数据挖掘等功能；模型层还提供了统一应用访问接口，便于应用层的调用。应用层用于战场态势评估，分为态势推理、态势评估、威胁评估等子系统。

### 5.3.3 基于 HDRS 模型的威胁评估

威胁评估是在战场态势理解的基础上，根据我方作战策略和敌方作战意图，对战场事件出现的程度以及事件对我方目标威胁的程度做出合理的分析和评估。威胁评估最典型的应用场景是空战。在空战中，及时准确地判断出敌机对我机的威胁程度，从而合理地分配打击目标和火力配备，是赢得空战胜利的关键。

空战决策过程可分为态势评估、威胁评估、任务分配和空战行动四个阶段，如图 5-6 所示。态势评估阶段收集空战战场信息并形成战场态势；威胁评估阶段分析战场态势要素并作出威胁等级判断，为后续决策提供情报支持；任务分配阶段按照威胁等级对敌方目标进行排序，并科学地分配打击目标和火力配备，使得我方能够协同作战，有效地打击敌方目标；空战行动阶段按照任务分配阶段制订的作战计划对敌方目标实施打击。空战行动改变了当前战场态势，新的战场信息又被态势评估收集和整理，整个过程如此循环，就构成了空战的"观察—确认—决策—行动"（Observe-Orient-Decide-Act，OODA）决策循环模型，即空战 OODA 决策循环模型。

威胁评估包括战场环境判断、威胁等级确定和辅助决策生成三个阶段。如图 5-7 所示。

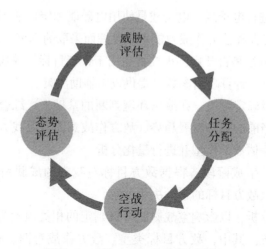

图 5-6 空战 OODA 决策循环模型

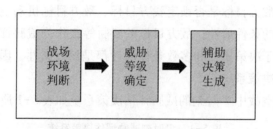

图 5-7 空战威胁评估的一般过程

在战场环境判断阶段，通过本机机载传感器直接获取战场环境信息，或通过数据链接收其他机载传感器、地面雷达或预警机等传来的战场环境信息。战场环境信息主要包括以下内容：

（1）敌方目标类型。根据敌方目标类型，查询敌方武器装备库，可以获得敌方目标作战性能参数、电子战能力、携行武器装备及其进攻能力等有关数据，从而得出敌方目标作战能力的有效描述，为威胁估计提供实时准确的参考数据。

（2）敌方目标的运动状态参数。敌方目标的运动状态参数包括飞行速度、飞行高度、航向角等。

（3）敌方目标作战意图。根据敌方目标的进攻能力以及当前的运动状态等，结合我方作战经验和敌方作战策略，推出敌方目标的作战意图。

（4）敌方目标与我方目标的距离。通过敌方目标的位置坐标和我方目标的位置坐标，可以计算出二者之间的空间距离。

（5）是否进行电子战。电子战是使用电磁能和定向能削弱和破坏对方作战效能，同时保障己方作战效能正常发挥而采取的军事行动。

（6）火控雷达是否开启。火控雷达用于锁定目标，并通过战场态势和目标的相关信息，计算攻击参数，提供攻击辅助决策。

在威胁等级确定阶段，在战场环境判断的基础上，综合考虑敌方目标的作战能力、当前的态势发展趋势、敌方作战意图以及我方作战策略等要素，建立威胁评估数学模型并进行量化分析。

在辅助决策生成阶段，根据敌方目标对我方的威胁情况进行综合排序，制定出进攻敌方目标的辅助决策预案。

根据以上分析，以影响空战威胁等级判定的相关因素为属性，建立威胁评估决策系统。其中，敌方目标类型、敌方作战意图、敌方目标速度、敌方目标高度、敌方目标航向角、敌方目标与我方目标的距离、敌方是否使用电子战、敌方目标是否锁定我方目标、敌方目标机动能力等作为威胁评估决策系统的条件属性；敌方目标的威胁等级作为威胁评估决策系统的决策属性。由于决策属性和多数条件属性都是偏好属性，因此威胁评估决策系统是偏好决策系统。

设想某一空战中 $T$ 时刻的威胁评估决策系统如表 5-1 所示。

表 5-1　$T$ 时刻威胁评估决策系统

| 目标 | 目标类型 | 作战意图 | 速度（m/s） | 高度（m） | 航向角（°） | 距离（km） | 电子战 | 锁定状态 | 机动能力 | 威胁等级 |
|---|---|---|---|---|---|---|---|---|---|---|
| $u_1$ | 大型 | 侦察 | 340 | 1 300 | 5 | 12 | 否 | 否 | * | 低 |
| $u_2$ | 小型 | 攻击 | 280 | 3 000 | 15 | 12 | * | 是 | 强 | 高 |
| $u_3$ | 大型 | 攻击 | 410 | 1 500 | 5 | 14 | 是 | 否 | 弱 | 中 |
| $u_4$ | * | 侦察 | 390 | 3 100 | 8 | 4 | 否 | 否 | 强 | 低 |
| $u_5$ | 大型 | 攻击 | 720 | 2 000 | 10 | 9 | 是 | 否 | * | 中 |
| $u_6$ | 武直 | 攻击 | 500 | 1 700 | 18 | 13 | * | 是 | 强 | 高 |
| $u_7$ | * | 侦察 | 290 | 1 200 | 3 | 8 | 否 | 否 | 弱 | 低 |
| $u_8$ | 大型 | 攻击 | 370 | 2 200 | 20 | 9 | 是 | 是 | 强 | 高 |

目标类型是符号型属性，取值 {大型，小型，武直}，令 $c_1 =$ 目标类型，1=小型，2=大型，3=武直，则 $V_{c_1} = \{1, 2, 3\}$；作战意图是一个偏

好符号型属性，取值 {攻击，侦察}，对我方威胁度来说，攻击＞侦察，令 $c_2$ = 作战意图，1 = 侦察，2 = 攻击，则 $V_{c_2}$ = {1，2}；目标速度是偏好数值型属性，速度越快，威胁度越大，令 $c_3$ = 目标速度；高度是数值型属性，令 $c_4$ = 目标高度；航向角是偏好数值型属性，与我方目标的航向角越小，威胁度越大，令 $c_5$ = 目标航向角；距离是偏好数值型属性，距离越近，威胁度越大，令 $c_6$ = 目标距离；电子战是偏好符号型属性，取值 {是，否}，是＞否，令 $c_7$ = 电子战，1 = 否，2 = 是，则 $V_{c_7}$ = {1，2}；锁定状态是偏好符号型属性，取值 {是，否}，是＞否，令 $c_8$ = 锁定状态，1 = 否，2 = 是，则 $V_{c_8}$ = {1，2}；机动能力是偏好符号型属性，取值 {强，弱}，强＜弱，令 $c_9$ = 机动能力，1 = 弱，2 = 强，则 $V_{c_9}$ = {1，2}；威胁等级是偏好符号型属性，取值 {低，中，高}，有高＞中＞低，令 $d$ = 威胁等级，1 = 低，2 = 中，3 = 高，则 $V_d$ = {1，2，3}。符号化后的决策系统 DDS = $(U，C \cup D，V，f)$，其中 $U$ = {$u_1$，$u_2$，…，$u_8$}，$C$ = $C_1 \cup C_2 \cup C_3$，$C_1$ = {$c_1$}，$C_2$ = {$c_4$}，$C_3$ = {$c_2$，$c_3$，$c_5$，$c_6$，$c_7$，$c_8$，$c_9$}，$D$ = {$d$}，如表 5-2 所示。

表 5-2　$T$ 时刻威胁评估决策系统

| Object | $c_1$ | $c_2$ | $c_3$ | $c_4$ | $c_5$ | $c_6$ | $c_7$ | $c_8$ | $c_9$ | $d$ |
|--------|-------|-------|-------|-------|-------|-------|-------|-------|-------|-----|
| $u_1$ | 2 | 1 | 340 | 1 300 | 5 | 12 | 1 | 1 | * | 1 |
| $u_2$ | 1 | 2 | 280 | 3 000 | 15 | 12 | * | 2 | 2 | 3 |
| $u_3$ | 2 | 2 | 410 | 1 500 | 5 | 14 | 2 | 1 | 1 | 2 |
| $u_4$ | * | 1 | 390 | 3 100 | 8 | 4 | 1 | 1 | 2 | 1 |
| $u_5$ | 2 | 2 | 720 | 2 000 | 10 | 9 | 2 | 1 | * | 2 |
| $u_6$ | 3 | 2 | 500 | 1 700 | 18 | 13 | * | 2 | 2 | 3 |
| $u_7$ | * | 1 | 290 | 1 200 | 3 | 8 | 1 | 1 | 1 | 1 |
| $u_8$ | 2 | 2 | 370 | 2 200 | 20 | 9 | 2 | 2 | 2 | 3 |

采用 HDRS 模型对威胁评估决策系统进行决策规则提取并对目标进行威胁等级判定的主要步骤如下（$a$ = 0.85）：

（1）计算威胁评估决策系统的下近似

根据决策属性值可得决策类集：$Cl_1^{\leqq}$ = {$u_1$，$u_4$，$u_7$}，$Cl_2^{\leqq}$ = {$u_1$，$u_3$，

$u_4$, $u_5$, $u_7\}$，$Cl_2^{\geqq} = \{u_2, u_3, u_5, u_6, u_8\}$，$Cl_3^{\geqq} = \{u_2, u_6, u_8\}$；根据式（5-4）和式（5-5），可得威胁评估决策系统的下近似：$\underline{H}_C^\alpha(Cl_1^{\leqq}) = \{u_1, u_4, u_7\}$，$\underline{H}_C^\alpha(Cl_2^{\leqq}) = \{u_1, u_3, u_4, u_5, u_7\}$；$\underline{H}_C^\alpha(Cl_2^{\geqq}) = \{u_2, u_3, u_5, u_6, u_8\}$，$\underline{H}_C^\alpha(Cl_3^{\geqq}) = \{u_2, u_6, u_8\}$。

（2）计算威胁评估决策系统的约简

基于 HDRS 模型，采用 CREAR 算法（具体计算过程类同于 4.4.3 节，这里不再赘述），可计算出约简为 $\{c_2, c_8\}$。这说明在众多有关威胁等级判定的因素中，敌方作战意图和敌方目标对我方目标的锁定状态是关键因素。

（3）导出威胁等级决策规则

根据下近似可得由作战意图 $c_2$ 和锁定状态 $c_8$ 表示的威胁等级决策规则，如表5-3所示。

表5-3　威胁等级决策规则（一）

| 规则编号 | 规则类型 | 决策规则 | 来源 |
|---|---|---|---|
| #1 | "至多"决策规则 | If $c_2 \leq 1$ 且 $c_8 \leq 1$ then $d \leq 1$ | $\underline{H}_C^\alpha(Cl_1^{\leqq})$ |
| #2 | "至多"决策规则 | If $c_2 \leq 2$ 且 $c_8 \leq 1$ then $d \leq 2$ | $\underline{H}_C^\alpha(Cl_2^{\leqq})$ |
| #3 | "至少"决策规则 | If $c_2 \leq 2$ 且 $c_8 \geq 1$ then $d \geq 2$ | $\underline{H}_C^\alpha(Cl_2^{\geqq})$ |
| #4 | "至少"决策规则 | If $c_2 \geq 2$ 且 $c_8 \geq 2$ then $d \geq 3$ | $\underline{H}_C^\alpha(Cl_3^{\geqq})$ |

在表5-3的基础上进一步分析整理，可得如表5-4所示的决策规则。

表5-4　威胁等级决策规则（二）

| 规则编号 | 决策规则 |
|---|---|
| #1 | 如果作战意图＝侦察，锁定状态＝否，则威胁等级低 |
| #2 | 如果作战意图＝攻击，锁定状态＝否，则威胁等级中 |
| #3 | 如果作战意图＝攻击，锁定状态＝是，则威胁等级高 |

（4）决策规则应用

现有一敌方目标，类型为小型，作战意图为攻击，速度为3 300 m/s，高度为2 100 m，航向角为6°，与我方目标的距离为8 km，电子战已进行，已锁定我方目标，机动能力强。根据表5-4可知，对应于规则#3，该目标的威胁等级判定为高。

### 5.3.4　威胁评估系统设计与实现

我们以粗糙集分类模型为中心，设计一个面向模型扩展的威胁评估系统。威胁评估系统框架结构如图 5-8 所示，包括数据层、数据预处理层、算法层、分类模型层四部分。

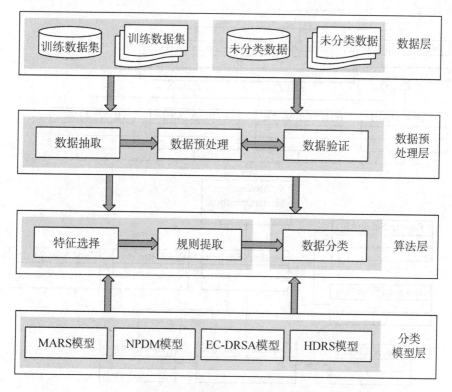

图 5-8　威胁评估系统框架结构图

数据层是威胁评估系统的数据来源，包括训练数据和未分类数据；数据预处理层为威胁评估系统提供标准化的数据准备，它的主要功能是从数据文件或关系数据库中抽取所需数据，并对数据进行离散化处理、归一化处理和数据验证等；算法层是威胁评估系统的核心部分，包括特征选择算法、规则提取算法、数据分类算法等；分类模型层包含各种不同的模型，如 MARS 模型、NPDM 模型、EC-DRSA 模型、HDRS 模型等，可为威胁评估系统提供分类模型的统一访问接口。威胁评估系统的这种分层结构，使得不同类型数据的分类任务，只要选择相应的分类模型即可完成，具有灵活性、可扩充性和复用性等特点。

威胁评估系统的类图结构如图 5-9 所示。系统主要实现类的功能和作用介绍如下：

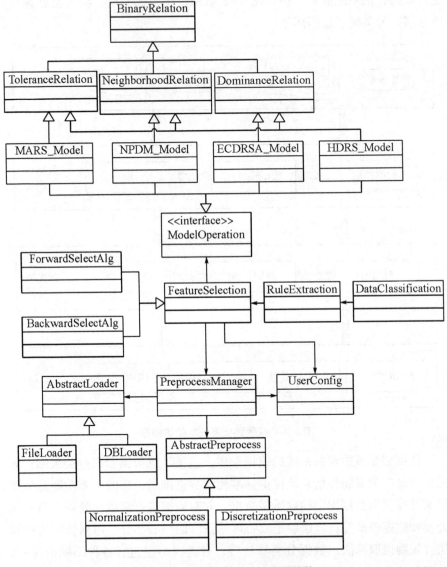

图 5-9　威胁评估系统的类图结构

AbstractLoader 类：这是一个抽象类，封装了很多通用的数据访问方法，这些方法都由它所派生的子类实现。在加载数据时，AbstractLoader 类针对不同类型的数据，调用相应的子类（如 FileLoader 类和 DBLoader 类）来完成从数据源中提取数据，并产生数据集类对象。对于其他的数据源类型，可以通过继承 AbstractLoader 类定义一个相应的 Loader 类，实现对数据源的扩展。

PreprocessManager 类：预处理管理类，根据 UserConfig 类提供的参数信息，通过 AbstractPreprocess 类来调用具体的预处理子类（如 NormalizationPreprocess 类或 DiscretizationPreprocess 类）来完成用户指定的预处理操作。对于新增的预处理操作，可以继承 AbstractPreprocess 类定义一个相应的 Preprocess 类，实现对预处理操作的扩展。

FeatureSelection 类：特征选择类，是一个抽象类，定义了一组通用的方法，其子类 ForwardSelectAlg 和 BackwardSelectAlg 定义了通用的处理流程。FeatureSelection 类根据 UserConfig 类提供的参数信息，调用 ModelOperation 接口方法，能够实现不同分类模型下的特征选择。

ModelOperation 接口：封装了一系列通用的模型操作，如上近似计算、下近似计算、正域计算和边界计算等，这些操作由继承该接口的分类模型实现，统一被 FeatureSelection 类调用。对于新增的分类模型，可以通过实现 ModelOperation 接口和继承 BinaryRelation 类定义一个相应的 Model 类，实现对分类模型的扩展。

BinaryRelation 类：二元关系类，定义了基本的二元关系操作，是一个抽象类，具体二元关系由其子类描述，如 ToleranceRelation 类、NeighborhoodRelation 类和 DominanceRelation 类。通过继承这些子类，可以定义相应的分类模型类，如 MARS_Model 类、NPDM_Model 类、ECDRSA_Model 类和 HDRS_Model 类。

RuleExtraction 类：分类规则提取类，根据特征选择的结果，以及相应的分类模型，产生分类规则。

DataClassification 类：数据分类类，根据分类规则，对未分类的数据进行分类处理，并输出分类结果。

根据以上设计，在 Microsoft Visual Studio 2010 C++环境下开发了威胁评估系统，该系统作为态势评估系统的一个子系统嵌套在其中。设想在某空战场景中，由若干架敌方战机组成的多个战斗群从某海军基地起飞向位于某岛屿的我方战略目标逐渐靠近的情形。在这个过程中，威胁评估系统根据目标跟踪系统和目标识别系统传输来的数据，对敌方目标的威胁程度按照高、中、低三个等级进行判定，其判定结果如图5-10所示。

图 5-10　威胁评估系统对敌方目标的威胁等级判定结果

## 5.4　小节

本章提出了混合数据分类模型。混合数据分类模型是强化一致优势分类模型的扩展，它把单一的优势关系扩展成容差关系、邻域关系、优势关系共存的混合二元关系，因此能够处理符号型、数值型、偏好型数据共同描述的分类问题。

本章介绍了混合数据分类模型在面向统一场的态势评估系统中的应用。统一场是一种全新的针对多维战场态势信息处理的系统架构，面向统一场的态势评估系统把战场态势空间表征为多域特征向量空间，能够准确、高效地反映动态的真实和复杂的战场态势。威胁评估是态势评估系统的一个重要组成部分，包括战场环境判断、威胁等级确定和辅助决策生成三个阶段。把从战场环境中提取的信息要素看作条件属性，把威胁等级看作决策属性，威胁评估可以抽象为由符号型、数值型、偏好型数据共同描述的分类问题。采用混合数据分类模型及其算法，可以分析出决定威胁等级判定的关键因素。最后，设计并构建了面向模型扩展的威胁评估系统。

# 6 总结与展望

## 6.1 研究总结

从大量杂乱无章的数据中提取有价值的知识和模式，是数据挖掘和知识发现的核心内容。粗糙集理论作为一种重要的数据挖掘工具，能有效地分析处理不精确、不一致、不完整的信息与数据。粗糙集理论思想新颖、方法独特，不需要先验知识，仅利用数据本身所提供的信息，通过属性约简即可获得分类规则和模式。粗糙集理论已经在机器学习、知识发现、数据挖掘、决策支持与分析等领域得到广泛应用。

由于经典 Pawlak 模型只适用于处理离散型的完备数据，因此，针对 Pawlak 模型的扩展研究以及基于扩展模型的应用研究（如特征选择、规则获取等），已经成为研究热点。本书针对三类常见的数据分类问题，在分析总结了已有研究成果的基础上，提出了新的粗糙集分类模型及算法。本书的主要贡献有：

（1）针对不完备数据的分类问题，提出了宏近似分类模型和正向宏近似分类模型，以及基于正向宏近似分类模型的特征选择算法。

现有的处理不完备数据的粗糙集分类模型都是基于对单个决策类的近似。本书从整个决策类集出发，研究了边界与不一致容差块集的关系，提出了不一致容差块集是边界的一个覆盖的结论，基于这个成果，提出了宏近似分类模型。宏近似分类模型把整个决策类集作为一个整体做近似处理，从宏观的角度定义了决策类集的上、下近似。由于上近似是常量，下近似等于边界的补集，因此，宏近似分类模型实质上是用边界来直接对整个决策类集做近似处理。边界是不一致容差块的并集，而不一致容差块是组成近似空间的基本单元，因此，边界很容易计算得到，这使得宏近似分类模型比其他模型具有更好的计算效率。

宏近似分类模型描述了在单个属性子集下的系统近似情况，并针对多属性子集的情况，提出了正向宏近似分类模型。首先定义了属性集的正向序列概念，然后研究了正向序列中任意两个连续属性子集决定的不一致块集之间的关联关系，提出了后属性子集决定的不一致容差块集可通过对前属性子集决定的不一致容差块集进行分解算子运算得到的结论，从而建立起了正向序列下的一系列宏近似分类模型，即正向宏近似分类模型。正向宏近似分类模型提供了一种快速计算出一系列不同属性子集下的边界值的机制。

基于正向宏近似分类模型，提出了一种高效的特征选择算法。该算法采用正向宏近似分类模型来快速计算出一系列边界，把边界度量的属性重要度作为启发信息寻找最优路径，用边界评估的约简准则识别特征子集。算法通过选择具有最大重要度值的属性，生成了一个最短的正向序列，该属性序列使得边界以最快的收敛速度到达最小状态。实验证明，基于正向宏近似分类模型的特征选择算法能够选择出最优或次优的特征子集，且在时间效率上比其他算法具有明显的优势。

（2）针对数值型和符号型数据的分类问题，提出了邻域划分分类模型、邻域正域确定度属性评估方法、基于不平衡二叉树模型的邻域计算方法，以及基于邻域划分分类模型的特征选择算法。

从决策分布的角度，考察了邻域结构，定义了邻域划分的概念，并研究了邻域划分的重要性质，从而提出了基于邻域划分的邻域决策粗糙集模型，即邻域划分分类模型。该模型是对邻域决策粗糙集模型的改进和提升，具有更直观、更简洁的描述形式，计算效率更高。

属性评估是启发式特征选择算法的一个关键环节。针对数值型属性的评估问题，分析了当前主流的属性评估方法（邻域依赖函数、邻域识别率和邻域变精度等）的不足，提出了基于邻域划分的邻域正域确定度属性评估方法。该方法把单个对象对决策正域的贡献程度从 $\{0, 1\}$ 扩展到了 $[0, 1]$，从而更具体、更深刻地描述了属性的分类能力。

邻域是邻域粗糙集模型的基本信息粒，其计算效率直接决定了特征选择算法的计算效率。为了提高邻域的计算效率，提出了不平衡二叉树模型。该模型把一致邻域粒子集和不一致邻域粒子集分别看作二叉树的左子节点和右子节点，通过反复采用增维算子操作分解右子节点，构造出一棵以左子节点为叶节点而右子节点不断生长的不平衡二叉树。不平衡二叉树模型只对不一致邻域粒子集进行分解计算，而无须对一致邻域粒子集进行分解计算，从而节省了计算时间，提高了邻域计算效率。

基于邻域划分分类模型，提出了新的特征选择算法。该算法采用不平衡二叉树模型计算邻域，采用邻域正域确定度评估属性。由于不平衡二叉树模型能高效地计算出邻域决策空间在不同属性子集下的所有不一致节点，邻域正域确定度能更具体、更精细地描述属性的分类能力，使得算法的计算效率高且分类质量好。对比实验表明，基于邻域划分分类模型的特征选择算法比其他算法运行时间耗费更少，而且分类精度更高。

（3）针对偏好型数据的分类问题，提出了强化一致优势分类模型、11种约简以及基于强化一致优势分类模型的特征选择算法。

研究适应干扰情况下的优势粗糙集模型，是粗糙集理论研究的一个重要课题。本书从决策分布的角度，定义了优势类和劣势类的决策区，研究了决策区的重要性质，分析了对象的相对一致性，建立了强化一致优势的对象分类策略，从而提出了强化一致优势分类模型。该模型能有效地消除噪声对分类的影响，具有很强的鲁棒性。

基于强化一致优势分类模型，提出了向上下近似约简 $R_L^{\geqq}$、向下下近似约简 $R_L^{\leqq}$、下近似约简 $R_L^{<>}$、向上上近似约简 $R_U^{\geqq}$、向下上近似约简 $R_U^{\leqq}$、上近似约简 $R_U^{<>}$、边界约简 $R_B^{<|>}$、向上下近似边界约简 $R_{LB}^{\geqq}$、向下下近似边界约简 $R_{LB}^{\leqq}$、向上上近似边界约简 $R_{UB}^{\geqq}$ 和向下上近似边界约简 $R_{UB}^{\leqq}$ 等11种约简。其中，$R_L^{<>}$ 和 $R_U^{<>}$ 是等价的，也是关系最强的；$R_{LB}^{\geqq}$ 和 $R_{UB}^{\leqq}$ 是等价的，$R_{LB}^{\leqq}$ 和 $R_{UB}^{\geqq}$ 是等价的，这四种约简关系较弱；$R_L^{\leqq}$ 和 $R_U^{\geqq}$ 是等价的，$R_L^{\geqq}$ 和 $R_U^{\leqq}$ 等价的，这四种约简以及 $R_B^{<|>}$ 关系最弱。

基于强化一致优势分类模型，提出了新的属性约简算法。该算法采用组合粗糙熵度量属性重要度，综合考虑了偏好决策系统的知识不确定性和目标决策类集的不确定性，能够快速找到高质量的约简。

（4）针对符号型、数值型、偏好型数据共同描述的分类问题，提出了混合数据分类模型，并应用于面向统一场的态势评估系统中。

研究混合数据的分类模型，对于知识发现的理论研究以及许多领域的应用需求都具有重要的价值。本书提出了混合数据分类模型，该模型是强化一致优势分类模型的扩展，它把单一的优势关系扩展成容差关系、邻域关系、优势关系共存的混合二元关系，能够处理符号型、数值型、偏好型数据共同描述的分类问题。

介绍了混合数据分类模型在面向统一场的态势评估系统中的应用情况。统一场是一种全新的针对多维战场态势信息处理的系统架构，面向统一场的态势评估系统把战场态势空间表征为多域特征向量空间，能够准确、高效地反映动态的真实和复杂的战场态势。威胁评估是面向统一场的态势评估系统的重要组成部分。通过分析影响威胁等级判定的相关因素（如目标类型、作战意图、目标速度、目标高度、目标航向角、目标距离、电子战、锁定情况、机动能力等），建立了威胁评估决策系统，从而把威胁评估抽象为由符号型、数值型、偏好型数据共同描述的分类问题。采用混合数据分类模型及其算法，得出了决定威胁等级判定的关键因素，并由此获得了威胁等级决策规则。

（5）设计了一个面向模型扩展的威胁评估系统。

本书以粗糙集分类模型为中心，设计了一个面向模型扩展的威胁评估系统。该系统包括数据层、数据预处理层、算法层、分类模型层。分类模型层提供了分类模型统一的访问接口，用来支持算法的实现；算法层根据配置参数，调用适当的分类模型函数，可完成不同模型下的特征选择、规则提取和数据分类。这种设计使得不同类型数据的分类任务，只要选择相应的分类模型即可完成，具有灵活性、可扩充性和复用性等优点。

## 6.2 未来工作展望

针对粗糙集分类模型及算法的研究，在本书的工作基础上，还有很多后续工作和诸多问题值得进一步探讨。下一步本书将主要集中进行以下方面的研究：

（1）分布式并行特征选择算法研究。现实中的数据量已经越来越大，形成了包含海量对象、大量属性和决策类的大规模或者超大规模的数据集。采用传统的特征选择算法处理大规模数据集，会出现时间效率低、分类准确率低以及存储空间受限等问题。降低大规模数据集的计算复杂度的有效方法之一是把大规模数据集分解成多个中小数据集，采用分布式并行计算的方式进行处理。因此，研究分布式环境下并行特征选择算法是粗糙集理论研究的一个重要方向。

（2）面向动态数据的特征选择算法研究。现实应用中的数据集是不断更新的，而现行粗糙集分类方法主要针对的是静态数据，不能对动态数据进行有效的处理。因此，研究面向动态数据的特征选择算法，是目前粗糙集理论研究的重点之一。

（3）粗糙集理论与其他方法的结合研究。随着系统复杂性的增加，单纯依靠一到两种智能方法往往不能很好地解决问题。粗糙集理论虽然在处理不确定性问题上有其优点，但只有和其他各种理论方法（如证据理论、概率论、粒计算、形式概念分析、拓扑学等）结合起来，才能更好地发挥其优势。如何根据实际情况，研究粗糙集理论与其他智能方法的结合问题，提出更合理的分类模型，是粗糙集理论未来研究的方向之一。

# 参考文献

［1］ PIATETSKI G, FRAWLEY W. Knowledge discovery in databases ［M］. Cambridge: MIT Press, 1991.

［2］ 史忠植. 知识发现 ［M］. 北京: 清华大学出版社, 2002.

［3］ HAN J W, KAMBER M. 数据挖掘: 概念与技术 ［M］. 范明, 孟小峰, 译. 2 版. 北京: 机械工业出版社, 2007.

［4］ HAND D J, MANNILA H, SMYTH P. Principles of data mining ［M］. Cambridge: MIT Press, 2001.

［5］ BEN-BASSAT M, FREEDY E. Knowledge requirement and management in expert decision support systems for (military) situation assessment ［J］. IEEE Trans on SMC, 1982, 12 (4): 479-490.

［6］ HASTIE T, TIBSHIRANI R, FRIEDMAN J. The elements of statistical learning: data mining, inference, and prediction ［J］. The mathematical intelligencer, 2005, 27 (2): 83-85.

［7］ QUINLAN J R. Induction of decision trees ［J］. Machine learning, 1986, 1: 81-106.

［8］ Quinlan J R. C4. 5: programs for machine learning ［M］. San Francisco: Morgan Kauffmann, 1993.

［9］ BREIMAN L, FRIEDMAN J H, OLSHEN R A, et al. Classication and regression trees ［M］. Belmont: Wadsworth, 1984.

［10］ METHTA M, AGRAWAL R, RISSANEN J. SLIQ: A fast scalable classifier for data mining ［C］. Proceedings of the 5th International Conference on Extend Database Technology. Avignon, France, 1996 (1057): 18-32.

［11］ SHAFER J, AGRAWAL R, MEHTA M. SPRINT: a scalable parallel classifier for data mining ［C］. Proceedings of the International Conference on Very Large Database. Bombay, India, 1996, 544-555.

[12] JAIN A K, MAO J, MOHIUDDIN K M. Artificial neural networks – a tutorial [J]. Computer, 1996, 29 (3): 31-44.

[13] ÖZBAKıR L, BAYKASOĞLU A, KULLUK S. A soft computing-based approach for integrated training and rule extraction from artificial neural networks: DIFACONN-miner [J]. Applied soft computing, 2010, 10 (1): 304 -317.

[14] GHIASSI M, BURNLEY C. Measuring effectiveness of a dynamic artificial neural network algorithm for classification problems [J]. Expert systems with applications, 2010, 37 (4): 3118-3128.

[15] KHASHEI M, HAMADANI A Z. A novel hybrid classification model of artificial neural networks and multiple linear regression models [J]. Expert systems with applications, 2012, 39 (3): 2606-2620.

[16] GHIASSI M, OLSCHIMKE M, MOON B, et al. Automated text classification using a dynamic artificial neural network model [J]. Expert systems with applications, 2012, 39 (12): 10967-10976.

[17] LI Y, FU Y, LI H, et al. The improved training algorithm of back propagation neural network with self-adaptive learning rate [C]. Proceedings of International Conference on Computational Intelligence and Natural Computing, 2009, 1: 73-76.

[18] LEE S, CHOI W S. A multi-industry bankruptcy prediction model using back-propagation neural network and multivariate discriminant analysis [J]. Expert systems with applications, 2013, 40 (8): 2941-2946.

[19] TSYMBAL A, PUURONEN S, PATTERSON D W. Ensemble feature selection with the simple Bayesian classification [J]. Information fusion, 2003, 4: 87-100.

[20] CARLIN B P, LOUIS T A. Bayesian methods for data analysis [M]. 3rd ed. London: Chapman & Hall/CRC, 2009.

[21] ACI M, INAN C, AVCI M. A hybrid classification method of k-nearest neighbor, Bayesian methods and genetic algorithm [J]. Expert systems with applications, 2010, 37 (7): 5061-5067.

[22] GESTEL T V, SUYKENS J, BAESENS B, et al. Bench marking least squares support vector machine classifiers [J]. Machine learning, 2004, 54

(1): 5-32.

[23] KUMAR M A, GOPAL M. Least squares twin support vector machines for pattern classification [J]. Expert systems with applications, 2009, 36 (4): 7535-7543.

[24] STRACK R, KECMAN V, STRACK B, et al. Sphere support vector machines for large classification tasks [J]. Neurocomputing, 2013, 101: 59-67.

[25] QI Z Q, TIAN Y J, SHI Y. Robust twin support vector machine for pattern classification [J]. Pattern recognition, 2013, 46 (1): 305-316.

[26] ZHANG M L, ZHOU Z H. A K-nearest neighbor based algorithm for multi-label classification [J]. Granular computing, 2005, 2: 718-721.

[27] LIU Z G, PAN Q, DEZERT J. A new belief-based K-nearest neighbor classification method [J]. Pattern recognition, 2013, 46 (3): 834-844.

[28] PAWLAK Z. Rough sets [J]. International journal of computer and information sciences, 1982, 11 (5): 341-356.

[29] PAWLAK Z. Rough sets: theoretical aspects of reasoning about data [M]. Norwell: Kluwer Academic Publishers, 1992.

[30] KRYSZKIEWICZ M. Properties of incomplete information systems in the framework of rough sets [C] //POLKOWSKI L, SKOWRON A. (Eds.) Rough sets in data mining and knowledge discovery. Heidelberg: Physica, 1998, 1: 422-450.

[31] STEFANOWSKI J, TSOUKIAS A. On the extension of rough sets under incomplete information [C]. Proceedings of the 7th International Workshop on New Directions in Rough Sets, Data Mining, and Granular – Soft Computing. Yamaguchi: Physica-Verlag, 1999: 73-81.

[32] WANG G Y. Extension of rough set under incomplete information systems [C]. Proceedings of the 11th IEEE International Conference on Fuzzy Systems. Hawaii, USA, 2002: 1098-1103.

[33] HU Q H, YU D R, XIE Z X. Numerical attribute reduction based on neighborhood granulation and rough approximation [J]. Journal of software, 2008, 19: 640-649.

[34] NANDA S, MAJUMDAR S. Fuzzy rough sets [J]. Fuzzy sets and

systems, 1992, 45 (2): 157-160.

[35] GRECO S, MATARAZZO B, SLOWINSKI R. Rough approximation of a preference relation by dominance relations [J]. European journal of operational research, 1999, 117 (1): 63-83.

[36] ZIARKO W. Variable precision rough set model [J]. Journal of computer and system sciences, 1993, 46: 39-59.

[37] ZIARKO W. Probabilistic rough sets [C]. Proceedings of the 10th International Conference on Rough Sets, Fuzzy Sets, Data Mining, and Granular Computing. Regina, Canada, 2005: 283-293.

[38] SLEZAK D, ZIARKO W. The investigation of the Bayesian rough set model [J]. International journal of approximate reasoning, 2005, 40: 81-91.

[39] DUBOIS D, PRADE H. Rough fuzzy sets and fuzzy rough sets [J]. International journal of general systems. 1990, 17 (2/3): 191-209.

[40] MIESZKOWICZ-ROLKA A, ROLKA L. Fuzziness in information systems [J]. Electronic notes in theoretical computer science, 2003, 82 (4): 1-10.

[41] SWINIARSKI R W, SKOWRON A. Rough set methods in feature selection and recognition [J]. Pattern recognition letters, 2003, 24 (6): 833-849.

[42] BAE C, YEH W C, CHUNG Y Y, et al. Feature selection with intelligent dynamic swarm and rough set [J]. Expert systems with applications, 2010, 37: 7026-7032.

[43] SALAMO M, LOPEZ-SANCHEZ M. Rough set based approaches to feature selection for case-based reasoning classifiers [J]. Pattern recognition letters, 2011, 32: 280-292.

[44] LIANG J L, WANG F, DANG C Y, et al. An efficient rough feature selection algorithm with a multi-granulation view [J]. International journal of approximate reasoning, 2012, 53 (6): 912-926.

[45] SKOWRON A, RAUSZER C. The discernibility matrices and functions in information systems [J]. Intelligent Decision Support Handbook of Applications and Advances of the Rough Sets Theory, Kluwer Academic Pub, 1992, 11: 331-362.

[46] KRYSZKIEWICZ M. Rough set approach to incomplete information systems [J]. Information sciences, 1998, 112: 39-49.

[47] YAO Y Y, ZHAO Y. Discernibility matrix simplification for constructing attribute reducts [J]. Information sciences, 2009, 179: 867-882.

[48] LEUNG Y, LI D Y. Maximal consistent block technique for rule acquisition in incomplete information systems [J]. Information sciences, 2003, 153: 85-106.

[49] DENG S B, LI M. The simple-discernibility matrix in rough sets [C]. Proceedings of the 4th International Conference on Machine Vision: Machine Vision, Image Processing, and Pattern Analysis. 2011, 8349: 1-5.

[50] STARZYK J, NELSON D E, STURTZ K. Reduct generation in information systems [J]. Bulletin of international rough set society, 1998, 3: 19-22.

[51] CHOUCHOULAS A, SHEN Q. Rough set-aided keyword reduction for text categorization [J]. Applied artificial intelligence, 2001, 15 (9): 843-873.

[52] THANGAVEL K, PETHALAKSHMI A, JAGANATHAN P. A novel reduct algorithm for dimensionality reduction with missing values based on rough set theory [J]. International journal of soft computing, 2006, 1 (2): 111-117.

[53] THANGAVEL K, PETHALAKSHMI A. Performance analysis of accelerated quick reduct algorithm [C]. Proceedings of International Conference on Computational Intelligence and Multimedia Applications, 2007, 318-322.

[54] PRASAD P S, RAO C R. IQuickReduct: an improvement to quick reduct algorithm [C]. Proceedings of the 12th International Conference on Rough Sets, Fuzzy Sets, Data Mining, and Granular Computing. Delhi, India, 2009, 152-159.

[55] MENG Z Q, SHI Z Z. A fast approach to attribute reduction in incomplete decision systems with tolerance relation-based rough sets [J]. Information sciences, 2009, 179 (16): 2774-2793.

[56] QIAN Y H, LIANG J Y, PEDRYCZ W, et al. An efficient accelerator for attribute reduction from incomplete data in rough set framework [J]. Pat-

tern recognition, 2011, 44 (8): 1658-1670.

[57] 苗夺谦, 胡桂荣. 知识约简的一种启发式算法 [J]. 计算机研究与发展, 1999, 136 (16): 681-684.

[58] 王国胤, 于洪, 杨大春. 基于条件信息熵的决策表约简 [J]. 计算机学报, 2002, 25 (7): 759-766.

[59] QIAN Y H, LIANG J Y, WANG F. A new method for measuring the uncertainty in incomplete information systems [J]. International journal of uncertainty, fuzziness and knowledge-based systems, 2009, 17 (6): 855-880.

[60] SLEZAK D. Approximate entropy reducts [J]. Fundamenta informaticae, 2002, 53: 365-390.

[61] SUN L, XU J C, TIAN Y. Feature selection using rough entropy-based uncertainty measures in incomplete decision systems [J]. Knowledge-based systems, 2012, 36: 206-216.

[62] HU J, WANG G Y, ZHANG Q H, et al. Attribute reduction based on granular computing [C]. Proceedings of the 5th International Conference on Rough Sets and Current Trends in Computing. Kobe, Japan, 2006, LNAI 4259: 458-466.

[63] ZHONG L, GUO C C, MEI L, et al. Applied granular matrix to attribute reduction algorithm [C]. Proceedings of the 2nd International Conference on Future Computer and Communication. 2010, 3: 306-310.

[64] XIE J, XU X Y, LU X H, et al. Granular computing-based binary discernibility matrix attribute reduction algorithm [C]. Proceedings of the 7th World Congress on Intelligent Control and Automation. China, 2008, 650-654.

[65] TAN L, HONG X G, GAO L, et al. Knowledge reduction based on granular computing [C]. Proceedings of the 6th International Conference on Fuzzy Systems and Knowledge Discovery. 2009, 1: 188-191.

[66] SKOWRON A. Rough sets in KDD [C]. Proceedings of Conference on Intelligent Information Processing. Publishing House of Electronic Industry, China, 2000, 1-17.

[67] ZIARKO W, SHAN N. KDD-R: a comprehensive system for knowledge discovery in databases using rough sets [C]. Proceedings of the 3rd international workshop on rough set and soft computing. San Jose, 1994, 164-173.

[68] PREDKI B, WILK S. Rough set based data exploration using ROSE system [J]. Foundations of intelligent systems, 1999, 1609: 172-180.

[69] FOWLER N, CROSS S, OWENS C. The ARPA-rome knowledge-based planning and scheduling initial [J]. IEEE expert, 1995, 10 (1): 4-9.

[70] WANG K R, LV X J, ZHANG G L. The application of rough set in polymerization reaction temperature control [C]. Proceedings of the International Conference on Computer, Mechatronics, Control and Electronic Engineering, 2010, 4: 360-363.

[71] ZHAI J M, XU X, XIE C X, et al. Fuzzy control for manufacturing quality based on variable precision rough set [C]. Proceedings of the Intelligent Control and Automation, 2004, 3: 2347-2351.

[72] HIRANO S, TSUMOTO S. Rough representation of a region of interest in medical images [J]. International journal of approximate reasoning, 2005, 40 (1/2): 23-34.

[73] WANG X, YANG J, JENSEN R, et al. Rough set feature selection and rule induction for prediction of malignancy degree in brain glioma [J]. Computer methods and programs in biomedicine. 2006, 83 (2): 147-156.

[74] SONG Y X, SHI Y S, ZHANG C C. An algorithm of acquisition for diagnostic parameters of engine fault based on fuzzy-rough sets [C]. Proceedings of the IEEE International Conference on Automation and Logistics. China, 2007, 2306-2309.

[75] FU Y S, LIU F Z, ZHANG W Z, et al. The fault diagnosis of power transformer based on rough set theory [C]. Proceedings of International Conference on Electricity Distribution. 2008: 1-5.

[76] WOJCIK Z M. Detecting spots for NASA space program using rough set [C]. Proceedings of the 2nd International Conference on Rough Set and Current Trends in Computering. Canada, 2000: 531-537.

[77] WU Q, PAN X. A novel remote sensing classification rule extraction method based on discrete rough set [C]. Proceedings of the 8th International Conference on Fuzzy Systems and Knowledge Discovery. 2011, 1: 330-334.

[78] ZHENG X B, ZHENG J J, WANG L W. Grey correlation evaluation based on rough set in combat effectiveness for avionics system [C]. Proceedings

of International Forum on Information Technology and Applications. 2010, 3:
104-107.

[79] CHMIELEWSKI M R, GRZYMALA–BUSSE J W, PETERSON N
W, et al. The rule induction system LERS – a version for personal computer [J].
Foundations of computing and decision science, 1993, 18 (3/4): 181-212.

[80] 李萍, 吴祈宗. 基于概率相似度的不完备信息系统数据补齐算法
[J]. 计算机应用研究, 2009, 26 (3): 881-883.

[81] 赵洪波, 江峰, 曾惠芬, 等. 一种基于加权相似性的粗糙集数据
补齐方法 [J]. 计算机科学, 2011, 38 (11): 167-170, 190.

[82] GRZYMALA–BUSSE J W. On the unknown attribute values in learn-
ing from examples [C]. Proceeding of the 6th International Symposium on Meth-
odologies for Intelligent Systems. Charlotte, North Carolina, 1991: 368-377.

[83] GRZYMALA–BUSSE J W, FU M. A comparison of several approa-
ches to missing attribute values in data mining [C]. Proceedings of the 2nd Inter-
national Conference on Rough Sets and Current Trends in Computing. Berlin:
Springer–Verlag, 2000: 378-385.

[84] STEFANOWSKI J, TSOUKIAS A. Valued tolerance and decision
rules [J]. Rough Sets and Current Trends in Computing, Berlin: Springer Ver-
lag, 2001, 212-219.

[85] MENG Z Q, SHI Z Z. Extended rough set-based attribute reduction in
inconsistent incomplete decision systems [J]. Information sciences, 2012, 204:
44-69.

[86] WAN R X, YAO Y H, KUMAR H. Multi-granulation variable preci-
sion rough set based on limited tolerance relation [J]. University Politehnica of
Bucharest Scientific Bulletin–Series A–Applied Mathematics and Physics, 2021,
83 (3): 63-74.

[87] DAI J H, WANG, W T, TIAN H W, et al. Attribute selection based
on a new conditional entropy for incomplete decision systems [J]. Knowledge-
based Systems, 2013, 39: 207-213.

[88] JÄRVINEN J, KOVÁCS L, RADELECZKI S. Defining rough sets u-
sing tolerances compatible with an equivalence [J]. Information sciences, 2019,
496: 264-283.

[89] ZHOU Y L, LIN G P. Local generalized multigranulation variable precision tolerance rough sets and its attribute reduction [J]. IEEE access, 2021, 9: 147237-147249.

[90] WU W Z. Attribute reduction based on evidence theory in incomplete decision systems [J]. Information sciences, 2008, 178 (5): 1355-1371.

[91] QIAN Y H, LIANG J Y, LI D Y, et al. Approximation reduction in inconsistent incomplete decision tables [J]. Knowledge-based systems, 2010, 23 (5): 427-433.

[92] WAN R X, MIAO D Q, PEDRYCZ W. Constrained tolerance rough set in incomplete information systems [J]. CAAI transactions on intelligence technology, 2021, 6 (4): 440-449.

[93] LIANG B H, JIN E L, WEI L F, et al. Knowledge granularity attribute reduction algorithm for incomplete systems in a clustering context [J]. Mathematics, 2024, 12 (2): 333.

[94] ASUNCION A, NEWMAN D J. UCI Machine learning repository [DB]. Department of Information and Computer Science, University of California, Irvine, CA, 2007. Available from http://www.ics.uci.edu/ mlearn/ MLRepository. html.

[95] ROY A, PAL S K. Fuzzy discretization of feature space for a rough set classifier [J]. Pattern recognition letters, 2003, 24 (6): 895-902.

[96] TIAN D, ZENG X J, KEANE J. Core-generating approximate minimum entropy discretization for rough set feature selection in pattern classification [J]. International journal of approximate reasoning, 2011, 52: 863-880.

[97] ZHAO J, ZHOU Y H. New heuristic method for data discretization based on rough set theory [J]. The journal of China Universities of Posts and Telecommunications, 2009, 16 (6): 113-120.

[98] DEY P, DEY S, DATTA S, et al. Dynamic discreduction using rough sets [J]. Applied soft computing, 2011, 11 (5): 3887-3897.

[99] LI M, DENG S B, FENG S Z, et al. An effective discretization based on class-attribute coherence maximization [J]. Pattern recognition letters, 2011, 32 (15): 1962-1973.

[100] CHEN S L, TANG L, LIU W J, et al. A improved method of dis-

cretization of continuous attributes [J]. Procedia environmental sciences, 2011, Part A, 11: 213-217.

[101] LI M X, WU C, HAN Z H, et al. A hierarchical clustering method for attribute discertization in rough set theory [C]. Proceedings of the 3rd International Conference on Machine Learning and Cybernetics. Shanghai, 2004, 3650-3654.

[102] SHEN L X, TAY F E H. A discretization method for Rough Sets Theory [J]. Intelligent data analysis, 2001, 5: 431-438.

[103] SANG Y, ZHU P F, LI K Q, et al. A local and global discretization method [J]. International journal of information engineering, 2013, 3 (1): 6-17.

[104] HUANG W X, PAN Y Y, WU J H. Supervised discretization with GK-τ [J]. Procedia computer science, 2013, 17: 114-120.

[105] FERREIRA A J, FIGUEIREDO M A T. An unsupervised approach to feature discretization and selection [J]. Pattern recognition, 2012, 45 (9): 3048-3060.

[106] HU H W, CHEN Y L, TANG K. A dynamic discretization approach for constructing decision trees with a continuous label [J]. IEEE transactions on knowledge and data engineering, 2009, 21 (11): 1505-1514.

[107] NGUYEN H S. Discretization problem for rough sets methods [J]. Rough sets and current trends in computing lecture notes in computer science, 1998, 1424: 545-552.

[108] SKOWRON A, STEPANIUK J. Tolerance approximation spaces [J]. Fundamenta informaticae, 1996, 27 (2/3): 245-253.

[109] PARTHALÁIN N M, SHEN Q. Exploring the boundary region of tolerance rough sets for feature selection [J]. Pattern recognition, 2009, 42: 655-667.

[110] DUBOIS D, PRADE H. Rough fuzzy sets and fuzzy rough sets [J]. International journal of general systems, 1990, 17: 191-209.

[111] HU Q H, PEDRYCZ W, YU D, et al. Selecting discrete and continuous features based on neighborhood decision error minimization [J]. IEEE Transactions on Systems, Man, and Cybernetics—PART B: CYBERNETICS,

2010, 40 (1): 137-150.

[112] LIN T Y, LIU Q, HUANG K J, et al. Rough sets, neighborhood systems and approximation [C]. Proceedings of the 5<sup>th</sup> International Symposium on Methodologies of Intelligent systems. 1990, 130-141.

[113] YAO Y Y. Relational interpretation of neighborhood operators and rough set approximation operators [J]. Information sciences, 1998, 111: 239-259.

[114] WU W Z, ZHANG W X. Neighborhood operator systems and approximations [J]. Information sciences, 2002, 144: 201-217.

[115] SELANG D, ZHANG H D, HE Y P. Three-way decision-making methods with multi-intuitionistic β-neighborhood-based multiattribute group decision-making problems [J]. Information sciences, 2024, 659: 120063.

[116] MIAO X Y, QUAN H D, CHENG X W, et al. Fault diagnosis of oil-immersed transformers based on the improved neighborhood rough set and deep belief network [J]. Electronics, 2024, 13 (1): 5.

[117] XIA S Y, WANG C, WANG G Y, et al. GBRS: a unified granular-ball learning model of pawlak rough set and neighborhood rough set [J]. IEEE transactions on neural networks and learning systems, 2023.

[118] HU Q H, YU D, LIU J F, et al. Neighborhood rough set based heterogeneous feature subset selection [J]. Information sciences, 2008, 178 (18): 3577-3594.

[119] JING S Y, SHE K, ALI S. A universal neighbourhood rough sets model for knowledge discovering from incomplete heterogeneous data [J]. Expert systems, 2013, 30 (1): 89-96.

[120] WILSON D R, MARTINEZ T R. Improved heterogeneous distance functions [J]. Journal of artificial intelligence research, 1997, 6: 1-34.

[121] MOLLA M B. Potential landfill site selection for solid waste disposal using GIS-based multi-criteria decision analysis (MCDA) in Yirgalem Town, Ethiopia [J]. Cogent engineering, 2024, 11 (1).

[122] MISHRA A R, ALRASHEEDI M, LAKSHMI J, et al. Multi-criteria decision analysis model using the q-rung orthopair fuzzy similarity measures and the COPRAS method for electric vehicle charging station site selection [J]. Gran-

ular computing, 2024, 9（1）.

　　［123］GRECO S, MATARAZZO B, SLOWINSKI R. Rough approximation of a preference relation by dominance relations ［J］. European journal of operational research, 1999, 117（1）: 63-83.

　　［124］GRECO S, MATARAZZO B, SLOWINSKI R. Rough sets methodology for sorting problems in presence of multiple attributes and criteria ［J］. European journal of operational research, 2002, 138: 247-259.

　　［125］LEE J W T, YEUNG D S, TSANG E C C. Rough sets and ordinal reducts ［J］. Soft computing, 2006, 10（1）: 27-33.

　　［126］YANG X, YANG J Y, WU C, et al. Dominance-based rough set approach and knowledge reductions in incomplete ordered information system ［J］. Information sciences, 2008, 178（4）: 1219-1234.

　　［127］GRECO S, MATARAZZO B, SŁOWINNSKI R. Decision rule approach ［J］. Multiple criteria decision analysis, 2005, 78: 507-555.

　　［128］GRECO S, MATARAZZO B, SŁOWINNSKI R, et al. Variable consistency model of dominance-based rough set approach ［J］. Rough sets and current trends in computing lecture notes in computer science, 2001, 2005: 170-181.

　　［129］INUIGUCHI M, YOSHIOKA Y. Variable-precision dominance-based rough set approach ［J］. Rough sets and current trends in computing lecture notes in computer science, 2006, 4259: 203-212.

　　［130］INUIGUCHI M, YOSHIOKA Y, KUSUNOKI Y. Variable-precision dominance-based rough set approach and attribute reduction ［J］. International journal of approximate reasoning, 2009, 50（8）: 1199-1214.

　　［131］INUIGUCHI M, YOSHIOKA Y. Several reducts in dominance-based rough set approach ［J］. Interval/Probabilistic uncertainty and non-classical logics, ASC46, 2008: 163-175.

　　［132］LUO G Z, YANG X B. Limited dominance-based rough set model and knowledge reductions in incomplete decision system ［J］. Journal of information science & engineering, 2010, 26（6）: 2199-2211.

　　［133］XU W H, ZHANG W X. Methods for knowledge reduction in inconsistent ordered information systems ［J］. Journal of applied mathematics and computing, 2008, 26: 313-323.

[134] YANG X B, YU D J, YANG J Y, et al. Dominance-based rough set approach to incomplete interval-valued information system [J]. Data & knowledge engineering, 2009, 68: 1331-1347.

[135] XU W H, LI Y, LIAO X W. Approaches to attribute reductions based on rough set and matrix computation in inconsistent ordered information systems [J]. Knowledge-based systems, 2012, 27: 78-91.

[136] ZHANG H Y, LEUNG Y, ZHOU L. Variable-precision-dominance-based rough set approach to interval-valued information systems [J]. Information sciences, 2013, 244: 75-91.

[137] LIANG J Y, SHI Z Z. The information entropy, rough entropy and knowledge granulation in rough set theory [J]. International journal of uncertainty, fuzziness and knowledge-based systems, 2004, 12 (1): 37-46.

[138] PAL S K, SHANKAR B U, MITRA P. Granular computing, rough entropy and object extraction [J]. Pattern recognition letters, 2005, 26: 2509-2517.

[139] HU Q H, YU D R. Variable precision dominance based rough set model and reduction algorithm for preference-ordered data [C]. Proceedings of the 3$^{rd}$ International Conference on Machine Learning and Cybernetics, 2004, 26-29.

[140] DASH M, LIU H. Consistency based search in feature selection [J]. Artificial intelligence, 2003, 151 (1/2): 155-176.

[141] XU W, YUAN Z, LIU Z. Feature selection for unbalanced distribution hybrid data based on k-nearest neighborhood rough set [J]. IEEE transactions on artificial intelligence, 2024, 5 (1): 229-43.

[142] MENG X, YANG J, WU D, et al. Approximate supplement-based neighborhood rough set model in incomplete hybrid information systems [J]. Lecture notes in computer science, 2024, 14327: 281-93.

# 附录一　主要符号对照表

| | |
|---|---|
| $U$ | 决策系统的论域 |
| $C$ | 决策系统的条件属性集 |
| $D$ | 决策系统的决策属性集 |
| $P$ | 条件属性子集 |
| $\mathrm{SIM}(P)$ | 论域上的容差关系 |
| $N(P)$ | 论域上的邻域关系 |
| $D(P)$ | 论域上的优势关系 |
| $S_P(u)$ | 对象的容差类 |
| $\delta_P(u)$ | 对象的邻域 |
| $D_P^+(u)$ | 对象的优势类 |
| $D_P^-(u)$ | 对象的劣势类 |
| $\pi_P$ | 容差关系决定的容差块集 |
| $\pi_P^{\mathrm{IT}}$ | 容差关系决定的不一致容差块集 |
| $\pi_P^{\mathrm{CT}}$ | 容差关系决定的一致容差块集 |
| $\Omega_P$ | 邻域关系决定的邻域粒子集 |
| $\Omega_P^{\mathrm{inc}}$ | 邻域关系决定的不一致邻域粒子集 |
| $\Omega_P^{\mathrm{con}}$ | 邻域关系决定的一致邻域粒子集 |
| $D_i$ | 决策类 |

| | |
|---|---|
| $Cl_t^{\geq}$ | 向上决策类集 |
| $Cl_t^{\leq}$ | 向下决策类集 |
| $\underline{P}(D_i)$ | 容差关系决定的决策类下近似 |
| $\overline{P}(D_i)$ | 容差关系决定的决策类上近似 |
| $\underline{N}_P(D_i)$ | 邻域关系决定的决策类下近似 |
| $\overline{N}_P(D_i)$ | 邻域关系决定的决策类上近似 |
| $\underline{D}_P^{\alpha}(Cl_t^{\geq})$ | 优势关系决定的向上决策类集下近似 |
| $\overline{D}_P^{\alpha}(Cl_t^{\geq})$ | 优势关系决定的向上决策类集上近似 |
| $\underline{D}_P^{\alpha}(Cl_t^{\leq})$ | 优势关系决定的向下决策类集下近似 |
| $\overline{D}_P^{\alpha}(Cl_t^{\leq})$ | 优势关系决定的向下决策类集上近似 |
| $\text{BND}_P(\pi_D)$ | 决策系统的边界 |
| $\text{POS}_P(\pi_D)$ | 决策系统的正域 |
| $\text{Sig}(a, P, D)$ | 属性的重要度 |
| $\gamma_P(D)$ | 条件属性对决策属性的依赖函数 |
| $\hat{E}_P(S)$ | 决策系统在条件属性集下的平均组合粗糙熵 |
| $\lambda(X)$ | 对象集合的决策值集 |
| $\theta_a$ | 针对单个容差块的分解算子 |
| $\omega_a$ | 针对多个容差块的分解算子 |
| $\vartheta(\delta_P(u), a)$ | 针对单个邻域的增维算子 |
| $\psi(\Theta_P, a)$ | 针对多个邻域的增维算子 |
| NPRC | 邻域正域确定度（neighborhood positive region certainty） |
| TRSM | 容差粗糙集模型（tolerance rough set model） |

| | |
|---|---|
| MARS | 宏近似分类模型（macroscopic approximation rough set model） |
| P-MARS | 正向宏近似分类模型（positive macroscopic approximation rough set model） |
| NRSM | 邻域粗糙集模型（neighborhood rough set model） |
| NDRS | 邻域决策粗糙集模型（neighborhood decision rough set model） |
| NPDM | 邻域划分分类模型（neighborhood partition decision model） |
| UB-tree | 不平衡二叉树模型（unbalanced binary tree model） |
| DRSA | 优势粗糙集模型（dominance rough set approach） |
| EC-DRSA | 强化一致优势分类模型（enhanced consistency dominance-based rough set approach） |
| PMFS | 基于正向宏近似分类模型的特征选择算法（P-MARS based feature selection algorithm） |
| NPFS | 基于邻域划分分类模型的特征选择算法（NPDM based feature selection algorithm） |
| CREAR | 基于组合粗糙熵的属性约简算法（combination rough entropy based attribute reduction algorithm） |
| UBNC | 基于不平衡二叉树模型的邻域计算算法（UB-tree based neighborhood calculation algorithm） |

# 附录二  数据安全技术 数据分类分级规则

## 1  范围

本文件规定了数据分类分级的原则、框架、方法和流程，给出了重要数据识别指南。

本文件适用于行业领域主管（监管）部门参考制定本行业本领域的数据分类分级标准规范，也适用于各地区、各部门开展数据分类分级工作，同时为数据处理者进行数据分类分级提供参考。

本文件不适用于涉及国家秘密的数据和军事数据。

## 2  规范性引用文件

下列文件中的内容通过文中的规范性引用而构成本文件必不可少的条款。其中，注日期的引用文件，仅该日期对应的版本适用于本文件；不注日期的引用文件，其最新版本（包括所有的修改单）适用于本文件。

GB/T 25069—2022 信息安全技术 术语。

## 3  术语与定义

GB/T 25069—2022 界定的以及下列术语和定义适用于本文件。

### 3.1  数据 data

任何以电子或者其他方式对信息的记录。

### 3.2  重要数据 key data

特定领域、特定群体、特定区域或达到一定精度和规模的，一旦被泄露或篡改、损毁，可能直接危害国家安全、经济运行、社会稳定、公共健康和安全的数据。

注：仅影响组织自身或公民个体的数据一般不作为重要数据。

3.3 核心数据 core data

对领域、群体、区域具有较高覆盖度或达到较高精度、较大规模、一定深度的，一旦被非法使用或共享，可能直接影响政治安全的重要数据。

注：核心数据主要包括关系国家安全重点领域的数据，关系国民经济命脉、重要民生、重大公共利益的数据，经国家有关部门评估确定的其他数据。

3.4 一般数据 general data

核心数据、重要数据之外的其他数据。

3.5 个人信息 personal information

以电子或者其他方式记录的与已识别或者可识别的自然人有关的各种信息。

3.6 敏感个人信息 sensitive personal information

一旦泄露或者非法使用，容易导致自然人的人格尊严受到侵害或者人身、财产安全受到危害的个人信息。

3.7 行业领域数据 industry sector data

在某个行业领域内依法履行工作职责或开展业务活动中收集和产生的数据。

3.8 公共数据 public data

各级政务部门、具有公共管理和服务职能的组织及其技术支撑单位，在依法履行公共事务管理职责或提供公共服务过程中收集、产生的数据。

3.9 组织数据 organization data

组织在自身生产经营活动中收集、产生的不涉及个人信息和公共利益的数据。

3.10 衍生数据 derived data

经过统计、关联、挖掘、聚合、去标识化等加工活动而产生的数据。

3.11 数据处理者 data processor

在数据处理活动中自主决定处理目的、处理方式的组织、个人。

## 4 基本原则

遵循国家数据分类分级保护要求，按照数据所属行业领域进行分类分级管理，依据以下原则对数据进行分类分级。

a）科学实用原则：从便于数据管理和使用的角度，科学选择常见、稳定的属性或特征作为数据分类的依据，并结合实际需要对数据进行细化分类。

b）边界清晰原则：数据分级的各级别应边界清晰，对不同级别的数据采取相应的保护措施。

c）就高从严原则：采用就高不就低的原则确定数据级别，当多个因素可能影响数据分级时，按照可能造成的各个影响对象的最高影响程度确定数据级别。

d）点面结合原则：数据分级既要考虑单项数据分级，也要充分考虑多个领域、群体或区域的数据汇聚融合后的安全影响，综合确定数据级别。

e）动态更新原则：根据数据的业务属性、重要性和可能造成的危害程度的变化，对数据分类分级、重要数据目录等进行定期审核更新。

## 5 数据分类规则

### 5.1 数据分类框架

数据按照先行业领域分类、再业务属性分类的思路进行分类。

a）按照行业领域，将数据分为工业数据、电信数据、金融数据、能源数据、交通运输数据、自然资源数据、卫生健康数据、教育数据、科学数据等。

b）各行业各领域主管（监管）部门根据本行业本领域业务属性，对本行业领域数据进行细化分类。常见业务属性包括但不限于：

1）业务领域：按照业务范围、业务种类或业务功能进行细化分类；

2）责任部门：按照数据管理部门或职责分工进行细化分类；

3）描述对象：按照数据描述的对象进行细化分类；

注1：按照描述对象分为用户数据、业务数据、经营管理数据、系统运维数据，见附件A的A.1。

4）流程环节：按照业务流程、产业链环节进行细化分类；

注2：能源数据按照流程环节分为探勘、开采、生产、加工、销售、使用等数据。

5）数据主体：按照数据主体或属主进行细化分类；

注3：按照数据主体分为公共数据、组织数据、个人信息，见A.2。

6）内容主题：按照数据描述的内容主题进行细化分类；

7）数据用途：按照数据处理目的、用途进行细化分类；

8）数据处理：按照数据处理活动或数据加工程度进行细化分类；

9）数据来源：按照数据来源、收集方式进行细化分类。

c）如涉及法律法规有专门管理要求的数据类别（如个人信息等），应按照有关规定和标准进行识别和分类。

注4：个人信息分类示例见附件B，敏感个人信息识别和分类见敏感个人信息国家标准。

## 5.2 数据分类方法

数据分类可根据数据管理和使用需求，结合已有数据分类基础，灵活选择业务属性将数据细化分类。具体参考以下步骤开展行业领域数据分类。

a）明确数据范围：按照行业领域主管（监管）部门职责，明确本行业本领域管理的数据范围。

b）细化业务分类：对本行业本领域业务进行细化分类，包括：

1）结合部门职责分工，明确行业领域或业务条线的分类；

注1：工业领域数据，按照部门职责分成原材料、装备制造、消费品、电子信息制造、软件和信息技术服务等类别。

2）按照业务范围、运营模式、业务流程等，细化行业领域或明确各业务条线的关键业务分类。

注2：原材料分为钢铁、有色金属、石油化工等；装备制造分为汽车、船舶、航空、航天、工业母机、工程机械等。

c）业务属性分类：选择合适的业务属性，对关键业务的数据进行细化分类。

d）确定分类规则：梳理分析各关键业务的数据分类结果，根据行业领域数据管理和使用需求，确定行业领域数据分类规则，例如：

1）可采取"业务条线—关键业务—业务属性分类"的方式给出数据分类规则；

注3：钢铁数据按照数据描述对象，分为用户数据、业务数据、经营管理数据、系统运维数据等，业务数据细分为研发设计数据、控制信息、工艺参数等，其中研发设计数据类别能标识为"工业数据-原材料数据-钢铁数据-业务数据-研发设计数据"。

2）也可对关键业务的数据分类结果进行归类分析，将具有相似主题的数据子类进行归类。

注4：工业领域数据也按照数据处理、流程环节等业务属性进行分类，首先按照数据处理者类型分为工业企业工业数据、平台企业工业数据，再将工业企业工业数据分为研发数据、生产数据、运维数据、管理数据、外部数据，然后按照数据主题将生产数据分为控制信息、工况状态、工艺参数、系统日志等。

## 6 数据分级规则

### 6.1 数据分级框架

根据数据在经济社会发展中的重要程度，以及一旦遭到泄露、篡改、损毁或者非法获取、非法使用、非法共享，对国家安全、经济运行、社会秩序、公共利益、组织权益、个人权益造成的危害程度，将数据从高到低分为核心数据、重要数据、一般数据三个级别。

### 6.2 数据分级方法

数据分级是为了保护数据安全，具体可参考以下步骤进行数据分级。

a）确定分级对象：确定待分级的数据，如数据项、数据集、衍生数据、跨行业领域数据等。

注1：数据项通常表现为数据库表某一列字段等。数据集是由多个数据记录组成的集合，如数据库表、数据库一行或多行记录集合、数据文件等。

注2：跨行业领域数据是指某个行业领域收集或产生的数据流转到另一个行业领域，以及两个或两个以上行业领域的数据融合加工产生的数据。

b）分级要素识别：结合自身数据特点，按照6.3识别数据涉及的分级要素情况。

c）数据影响分析：结合数据分级要素识别情况，分析数据一旦遭到泄露、篡改、损毁或者非法获取、非法使用、非法共享，可能影响的对象（见6.4.1）和影响程度（见6.4.2）。

d）综合确定级别：按照6.5和6.6，综合确定数据级别。

### 6.3 数据分级要素

影响数据分级的要素，包括数据的领域、群体、区域、精度、规模、深度、覆盖度、重要性等，其中领域、群体、区域、重要性通常属于定性描述的分级要素，精度、规模、覆盖度属于定量描述的分级要素，深度通常作为衍生数据的分级要素。数据分级应首先识别以下数据分级要素情况，具体考虑因素见附件 C。

a）领域：数据描述的业务或内容范畴。数据领域可识别数据描述的行业领域、业务条线、流程环节、内容主题等因素。

b）群体：数据主体或描述对象集合。数据群体可识别数据描述的人群、组织、网络和信息系统、资源物资等因素。

c）区域：数据涉及的地区范围。数据区域可识别数据描述的行政区划、特定地区等因素。

d）精度：数据的精确或准确程度。数据精度可识别数值精度、空间精度、时间精度等因素。

e）规模：数据规模及数据描述的对象范围或能力大小。数据规模可识别数据存储量、群体规模、区域规模、领域规模、生产加工能力等因素。

f）深度：通过数据统计、关联、挖掘或融合等加工处理，对数据描述对象的隐含信息或多维度细节信息的刻画程度。数据深度可识别数据在刻画描述对象的经济运行、发展态势、行踪轨迹、活动记录、对象关系、历史背景、产业供应链等方面的情况。

g）覆盖度：数据对领域、群体、区域、时段等的覆盖分布或疏密程度。数据覆盖度可识别对领域、群体、区域、时间段的覆盖占比、覆盖分布等因素。

h）重要性：数据在经济社会发展中的重要程度。重要性可识别数据在经济建设、政治建设、文化建设、社会建设、生态文明建设等方面的重要程度。

### 6.4 数据影响分析

#### 6.4.1 影响对象

影响对象是指数据面临安全风险时，可能影响的对象。其中，安全风险主要考虑数据遭到泄露、篡改、损毁或者非法获取、非法使用、非法共享等风险，见附件 D。影响对象通常包括国家安全、经济运行、社会秩序、公共利益、组织权益、个人权益，判断影响对象的常见考虑因素见附件 E。

a）国家安全：影响国家政治、国土、军事、经济、文化、社会、科技、电磁空间、网络、生态、资源、核、海外利益、太空、极地、深海、生物、人工智能等国家利益安全。

b）经济运行：影响市场经济运行秩序、宏观经济形势、国民经济命脉、行业领域产业发展等经济运行机制。

c）社会秩序：影响社会治安和公共安全、社会日常生活秩序、民生福祉、法治和伦理道德等社会秩序。

d）公共利益：影响社会公众使用公共服务、公共设施、公共资源或影响公共健康安全等公共利益。

e）组织权益：影响组织自身或其他组织的生产运营、声誉形象、公信力、知识产权等组织权益。

f）个人权益：影响自然人的人身权、财产权、隐私权、个人信息权益等个人权益。

### 6.4.2 影响程度

影响程度是指数据一旦遭到泄露、篡改、损毁或者非法获取、非法使用、非法共享，可能造成的影响程度。影响程度从高到低可分为特别严重危害、严重危害、一般危害。对不同影响对象进行影响程度判断时，采取的基准不同。如果影响对象是国家安全、经济运行、社会秩序或公共利益，则以国家、社会或行业领域的整体利益作为判断影响程度的基准。如果影响对象仅是组织或个人权益，则以组织或公民个人的权益作为判断影响程度的基准。开展数据影响分析时，应按照以下规则确定影响程度，影响程度参考示例见附件F。

a）当影响对象是国家安全时：

1）如果直接影响政治安全，应将影响程度确定为特别严重危害；

2）如果关系其他国家安全重点领域，应将影响程度确定为严重危害；

3）其他直接危害国家安全的情形，应将影响程度确定为一般危害。

b）当影响对象是经济运行时：

1）如果关系国民经济命脉，应将影响程度确定为特别严重危害；

2）如果直接危害宏观经济运行，或对行业领域或地区的经济发展造成严重危害，应将影响程度确定为严重危害。

c）当影响对象是社会秩序时：

1）如果关系重要民生，应将影响程度确定为特别严重危害；

2）如果直接危害社会稳定，应将影响程度确定为严重危害。

d）当影响对象是公共利益时：

1）如果关系重大公共利益，应将影响程度确定为特别严重危害；

2）如果直接危害公共健康和安全，应将影响程度确定为严重危害。

e）当影响对象是个人或组织权益时，如果影响大规模的个人或组织权益，需要同时研判是否会对国家安全、经济运行、社会秩序或公共利益造成影响以及影响程度。

6.5 级别确定规则

核心数据、重要数据、一般数据的确定规则如下，数据级别与影响对象、影响程度的对应关系见附表1。

a）满足以下任一条件的数据，识别为核心数据：

1）数据一旦遭到泄露、篡改、损毁或者非法获取、非法使用、非法共享，直接对国家安全造成特别严重危害（如直接影响政治安全）或严重危害（如关系其他国家安全重点领域）；

2）数据一旦遭到泄露、篡改、损毁或者非法获取、非法使用、非法共享，直接对经济运行造成特别严重危害（如关系国民经济命脉）；

3）数据一旦遭到泄露、篡改、损毁或者非法获取、非法使用、非法共享，直接对社会秩序造成特别严重危害（如关系重要民生）；

4）数据一旦遭到泄露、篡改、损毁或者非法获取、非法使用、非法共享，直接对公共利益造成特别严重危害（如关系重大公共利益）；

5）对领域、群体、区域具有较高覆盖度，直接影响政治安全的重要数据；

6）达到较高精度、较大规模、较高重要性或深度，直接影响政治安全的重要数据；

7）经有关部门评估确定的核心数据。

b）满足以下任一条件的数据，识别为重要数据：

1）数据一旦遭到泄露、篡改、损毁或者非法获取、非法使用、非法共享，直接对国家安全造成一般危害；

2）数据一旦遭到泄露、篡改、损毁或者非法获取、非法使用、非法共享，直接对经济运行造成严重危害；

3）数据一旦遭到泄露、篡改、损毁或者非法获取、非法使用、非法共享，直接对社会秩序造成严重危害（如影响社会稳定）；

4）数据一旦遭到泄露、篡改、损毁或者非法获取、非法使用、非法共享，直接对公共利益造成严重危害（如危害公共健康和安全）；

5）数据直接关系国家安全、经济运行、社会稳定、公共健康和安全的特定领域、特定群体或特定区域；

6）数据达到一定精度、规模、深度或重要性，直接影响国家安全、经济运行、社会稳定、公共健康和安全；

7）经行业领域主管（监管）部门评估确定的重要数据。

c）未识别为核心数据、重要数据的其他数据，确定为一般数据。

附表 1   数据级别确定规则表

| 影响对象 | 影响程度 | | |
|---|---|---|---|
| | 特别严重危害 | 严重危害 | 一般危害 |
| 国家安全 | 核心数据 | 核心数据 | 重要数据 |
| 经济运行 | 核心数据 | 重要数据 | 一般数据 |
| 社会秩序 | 核心数据 | 重要数据 | 一般数据 |
| 公共利益 | 核心数据 | 重要数据 | 一般数据 |
| 组织权益、个人权益 | 一般数据 | 一般数据 | 一般数据 |

注：如果影响大规模的个人或组织权益，影响对象可能不只包括个人权益或组织权益，也可能对国家安全、经济运行、社会秩序或公共利益造成影响。

### 6.6   综合确定级别

在分级要素识别、数据影响分析的基础上，按照以下规则确定数据级别。

a）应按照 6.5 规定的数据级别确定规则，识别核心数据、重要数据和一般数据。

b）重要数据的识别，在符合 6.5 b）的基础上应按照附件 G 执行。

c）如待分级数据涉及多个要素、多个影响对象或影响程度，应按照就高从严原则确定数据级别。

d）数据集级别可在数据项级别的基础上，按照就高从严的原则，将数据集包含数据项的最高级别作为数据集默认级别，但同时也要考虑分级要素（如数据规模）变化可能需要调高级别。

注：数据集中各数据项级别与数据集级别不一定相同，具体要根据该数据项的影响对象和影响程度进行判断。

e）在 6.1 规定的数据分级框架下，如还需对一般数据进行细化分级保护，可参考附件 H 对一般数据进行分级。

f）衍生数据级别可按照就高从严原则，在原始数据级别的基础上，综合考虑加工后的数据深度等分级要素对国家安全、经济运行、社会秩序、公共利益、组织权益、个人权益的影响进行确定，具体见附件 I。

g）跨行业领域数据分级，原则上可按照数据来源的行业领域数据分级规则确定级别，如果存在跨行业领域数据融合加工，需考虑融合加工对数据分级要素的影响，按照衍生数据确定级别。

h）根据数据重要程度和可能造成的危害程度的变化，应对数据级别进行动态更新，更新情形见附件 J。

## 7 数据分类分级流程

### 7.1 行业领域数据分类分级流程

行业领域主管（监管）部门在遵循国家有关规定要求的基础上，可参考以下步骤开展行业领域数据分类分级工作。

a）制定行业标准规范：按照国家数据分类分级保护有关要求，参照本文件制定本行业本领域的数据分类分级标准规范，重点可明确以下内容：

1）明确行业数据分类细则，确定数据分类所依据的业务属性，给出按照业务属性划分的数据类别；

2）分析行业领域数据的领域、群体、区域、精度、规模、深度、重要性等分级要素，明确本行业本领域重要数据识别细则，确定哪些数据可确定为重要数据；

3）明确本行业本领域核心数据识别细则，提出哪些数据建议确定为核心数据；

4）明确本行业本领域一般数据范围。

b）开展数据分类分级：行业领域主管（监管）部门，根据本行业本领域的数据分类分级标准规范，组织本行业本领域数据处理者开展数据分类分级工作，指导数据处理者准确识别、及时报送重要数据和核心数据目录信息。

### 7.2 处理者数据分类分级流程

数据处理者进行数据分类分级时，应在遵循国家和行业领域数据分类分级要求的基础上，参考以下步骤开展数据分类分级工作。

a）数据资产梳理：对数据资产进行全面梳理，确定待分类分级的数据资产及其所属的行业领域。

b）制定内部规则：按照行业领域数据分类分级标准规范，结合处理者自身数据特点，参考本文件制定自身的数据分类分级细则：

1）如行业领域主管部门已制定行业领域数据分类分级规则，处理者应结合自身实际参考本文件的数据分类分级方法，按照行业领域数据分类分级规则细化执行；

2）如所属行业领域没有行业主管部门认可的数据分类分级标准规范的，或存在行业领域规范未覆盖的数据类型，按照本文件进行数据分类分级；

3）如果业务涉及多个行业领域，可在参考本文件的基础上，分别按照各个行业领域的数据分类分级标准规范细化执行。

c）实施数据分类：对数据进行分类，并对公共数据、个人信息等特殊类别数据进行识别和分类。

d）实施数据分级：对数据进行分级，确定核心数据、重要数据和一般数据的范围。

注：由于一般数据涵盖范围较广，数据处理者结合组织自身安全需求，参考附件 H 对一般数据进行细化分级。

e）审核上报目录：对数据分类分级结果进行审核，形成数据分类分级清单、重要数据和核心数据目录，并对数据进行分类分级标识，按有关程序报送目录。

f）动态更新管理：根据数据重要程度和可能造成的危害程度变化，对数据分类分级规则、重要数据和核心数据目录、数据分类分级清单和标识等进行动态更新管理，动态更新情形见附件 J。

# 附件 A　基于描述对象与数据主体的数据分类参考

## A.1　基于描述对象的数据分类参考

从数据描述对象角度，可将数据分为用户数据、业务数据、经营管理数据、系统运维数据四个类别，数据分类参考示例见表 A.1。

表 A.1  基于描述对象的数据分类参考示例

| 数据类别 | 类别定义 | 示例 |
|---|---|---|
| 用户数据 | 在开展业务服务过程中从个人用户或组织用户收集的数据，以及在业务服务过程中产生的归属于用户的数据 | 如个人信息、组织用户信息（如组织基本信息、组织账号信息、组织信用信息等） |
| 业务数据 | 在业务的研发、生产、运营过程中收集和产生的非用户类数据 | 参考业务所属的行业数据分类分级，结合自身业务特点进行细分，如产品数据、合同协议等 |
| 经营管理数据 | 数据处理者在单位经营和内部管理过程中收集和产生的数据 | 如经营战略、财务数据、并购融资信息、人力资源数据、市场营销数据等 |
| 系统运维数据 | 网络和信息系统运行维护、日志记录及网络安全数据 | 如网络设备和信息系统的配置数据、日志数据、安全监测数据、安全漏洞数据、安全事件数据等 |

## A.2  基于数据主体的数据分类参考

从数据主体角度，可将数据分为公共数据、组织数据、个人信息三个类别，数据分类参考示例见表 A.2。

表 A.2  基于数据主体的数据分类参考示例

| 数据分类 | 类别定义 | 示例 |
|---|---|---|
| 公共数据 | 各级政务部门、具有公共管理和服务职能的组织及其技术支撑单位，在依法履行公共事务管理职责或提供公共服务过程中收集、产生的数据 | 如政务数据，在供水、供电、供气等公共服务运营过程中收集和产生的数据等 |
| 组织数据 | 组织在自身生产经营活动中收集、产生的不涉及个人信息和公共利益的数据 | 如不涉及个人信息和公共利益的业务数据、经营管理数据、系统运维数据等 |
| 个人信息 | 以电子或者其他方式记录的与已识别或者可识别的自然人有关的各种信息 | 如个人身份信息、个人生物识别信息、个人财产信息、个人通信信息、个人位置信息、个人健康生理信息等 |

# 附件 B　个人信息分类示例

表 B.1 参考 GB/T 35273—2020 给出了个人信息的一级类别、二级类别和典型数据示例。

表 B.1　个人信息分类参考示例

| 一级类别 | 二级类别 | 典型示例和说明 |
|---|---|---|
| 个人基本资料 | 个人基本资料 | 自然人基本情况信息，如个人姓名、生日、年龄、性别、民族、国籍、籍贯、政治面貌、婚姻状况、家庭关系、住址、个人电话号码、电子邮件地址、兴趣爱好等 |
| 个人身份信息 | 个人身份信息 | 可直接标识自然人身份的信息，如身份证、军官证、护照、驾驶证、工作证、社保卡、居住证、港澳台通行证等证件号码、证件照片或影印件等。其中特定身份信息属于敏感个人信息，具体参见敏感个人信息国家标准 |
| 个人生物识别信息 | 生物识别信息 | 个人面部识别特征、虹膜、指纹、基因、声纹、步态、耳廓、眼纹等生物特征识别信息，包括生物特征识别原始信息（如样本、图像）、比对信息（如特征值、模板）等 |
| 网络身份标识信息 | 网络身份标识信息 | 可标识网络或通信用户身份的信息及账户相关资料信息（金融账户除外），如用户账号、用户 ID、即时通信账号、网络社交用户账号、用户头像、昵称、个性签名、IP 地址等 |
| 个人健康生理信息 | 健康状况信息 | 与个人身体健康状况相关的个人信息，如体重、身高、体温、肺活量、血压、血型等 |
| 个人健康生理信息 | 医疗健康信息 | 个人因疾病诊疗等医疗健康服务产生的相关信息，如医疗就诊记录、生育信息、既往病史等，具体范围参见敏感个人信息国家标准 |
| 个人教育工作信息 | 个人教育信息 | 个人教育和培训的相关信息，如学历、学位、教育经历、学号、成绩单、资质证书、培训记录、奖惩信息、受资助信息等 |
| 个人教育工作信息 | 个人工作信息 | 个人求职和工作的相关信息，如个人职业、职位、职称、工作单位、工作地点、工作经历、工资、工作表现、简历、离退休状况等 |

| 一级类别 | 二级类别 | 典型示例和说明 |
|---|---|---|
| 个人财产信息 | 金融账户信息 | 金融账户及鉴别相关信息,如银行、证券等账户的账号、密码等,具体参见敏感个人信息国家标准 |
| | 个人交易信息 | 交易过程中产生的交易信息和消费记录,如交易订单、交易金额、支付记录、透支记录、交易状态、交易日志、交易凭证、账单,证券委托、成交、持仓信息,保单信息、理赔信息等 |
| | 个人资产信息 | 个人实体和虚拟财产信息,如个人收入状况、房产信息、存款信息、车辆信息、纳税额、公积金缴存明细、银行流水、虚拟财产(如虚拟货币、虚拟交易、游戏类兑换码等)等 |
| | 个人借贷信息 | 个人在借贷过程中产生的信息,如个人借款信息、还款信息、欠款信息、信贷记录、征信信息、担保情况等 |
| 身份鉴别信息 | 身份鉴别信息 | 用于个人身份鉴别的数据,如账号口令、数字证书、短信验证码、密码提示问题等 |
| 个人通信信息 | 个人通信信息 | 通信记录,短信、彩信、话音、电子邮件、即时通信等通信内容(如文字、图片、音频、视频、文件等),及描述个人通信的元数据(如通话时长)等 |
| 联系人信息 | 联系人信息 | 描述个人与关联方关系的信息,如通讯录、好友列表、群列表、电子邮件地址列表、家庭关系、工作关系、社交关系、父母或监护人信息、配偶信息等 |
| 个人上网记录 | 个人操作记录 | 个人在业务服务过程中的操作记录和行为数据,包括网页浏览记录、软件使用记录、点击记录、Cookie、发布的社交信息、点击记录、收藏列表、搜索记录、服务使用时间、下载记录等 |
| | 业务行为数据 | 用户使用某业务的行为记录(如游戏业务:用户游戏登录时间、最近充值时间、累计充值额度、用户通关记录)等 |
| 个人设备信息 | 可变更的唯一设备识别码 | Android ID、广告标识符(IDFA)、应用开发商标识符(IDFV)、开放匿名设备标识符(OAID)等 |
| | 不可变更的唯一设备识别码 | 国际移动设备识别码(IMEI)、移动设备识别码(MEID)、设备媒体访问控制(MAC)地址、硬件序列号等 |
| | 应用软件列表 | 用户在终端上安装的应用程序列表,如每款应用软件的名称、版本等 |

| 一级类别 | 二级类别 | 典型示例和说明 |
|---|---|---|
| 个人位置信息 | 粗略位置信息 | 仅能定位到行政区、县级等的位置信息，如地区代码、城市代码等 |
| | 行踪轨迹信息 | 与个人所处地理位置、活动地点和活动轨迹等相关的信息，具体范围参见敏感个人信息国家标准 |
| | 住宿出行信息 | 个人住宿信息，及乘坐飞机、火车、汽车、轮船等交通出行信息等 |
| 个人标签信息 | 个人标签信息 | 基于个人上网记录等加工产生的个人用户标签、画像信息，如行为习惯、兴趣偏好等 |
| 个人运动信息 | 个人运动信息 | 步数、步频、运动时长、运动距离、运动方式、运动心率等 |
| 其他个人信息 | 其他个人信息 | 性取向、婚史、宗教信仰、未公开的违法犯罪记录等 |

# 附件 C  数据分级要素识别常见考虑因素

## C.1  数据领域、群体、区域考虑因素

数据的领域、群体、区域识别常见考虑因素，包括但不限于以下内容。

——数据领域识别的常见考虑因素，例如：

·行业领域；

·业务条线、业务类目；

·生产经营活动；

·流程环节；

·内容主题；

·与国家安全、经济运行、社会秩序、公共利益相关的领域等。

——数据群体识别的常见考虑因素，例如：

·人群；

·团体、单位、组织；

· 网络、信息系统、数据中心；

· 资源、原材料、物资；

· 元器件、设备；

· 项目；

· 基础设施；

· 与国家安全、经济运行、社会秩序、公共利益相关的群体等。

——数据区域识别的常见考虑因素，例如：

· 行政区划；

· 特定地区；

· 地理环境；

· 重要场所；

· 网络空间；

· 与国家安全、经济运行、社会秩序、公共利益相关的区域等。

## C.2  数据精度考虑因素

数据精度识别的常见考虑因素，例如：

——数值精度，如统计指标的精度等；

——空间精度，如位置定位精度、数字地图精度等；

——时间精度，如年度、季度、月度、日度等；

——生产工艺精密度，如集成电路精细度、机械加工精度等；

——视频图像高清度；

——遥测遥感精度；

——仪器仪表精度。

## C.3  数据规模考虑因素

数据规模识别的常见考虑因素，例如：

——数据存储量；

——企业市值（估值）；

——设备或装备容量；

——生产、加工、控制、吞吐、输送、储存能力；

——资源储量；

——交易量；

——群体规模，如用户规模、系统或设备数量、生产加工单元数量、基础设施数量、项目数量等。

**C.4　数据深度考虑因素**

数据深度识别的常见考虑因素，例如：

——经济运行情况统计；

——产业发展态势分析；

——领域、群体或区域的特征分析，如人群或用户特征分析；

——行踪轨迹；

——对象关系；

——历史信息；

——产业供应链。

**C.5　数据覆盖度考虑因素**

数据覆盖度识别的常见考虑因素，例如：

——领域覆盖分布或密度，如领域覆盖占比、领域覆盖分布、领域覆盖密度等；

——群体覆盖分布或密度，如群体覆盖占比、群体覆盖分布、人口密度等；

——区域覆盖分布或密度，如行政区划覆盖度、区域覆盖分布、区域覆盖密度等；

——时段覆盖分布或密度，如时间段覆盖度、时间段覆盖分布、时间段覆盖密度等。

**C.6　数据重要性考虑因素**

数据重要性识别常见考虑因素，例如：

a）在数字经济建设中的重要程度，如数字基础设施建设、数据要素市场流通、产业数字化转型、数字化产业竞争力等；

b）在数字政府和政治建设中的重要程度，如政务数据共享、公共数据开放和开发利用、数字化政务服务、监管治理体系建设、政治制度、法律司法等；

c）在文化建设中的重要程度，如教育、科学、文学艺术、新闻出版、广播电视、卫生体育、图书馆、博物馆、网络空间等各项文化事业；

d）在社会建设中的重要程度，如公共服务数字化、智慧城市、数字生活建设、住建、数字农村等；

e）在生态文明建设中的重要程度，如自然资源、生态环境、交通、水利、气象、林草、地震等；

f）在国家安全、维护社会稳定等工作中的重要程度，如涉外数据对维护和塑造国家安全意义重大。

# 附件 D  安全风险常见考虑因素

数据影响分析通常考虑以下安全风险。

a）数据泄露：数据窃取、未授权访问数据、违规导出数据等破坏数据保密性风险。

b）数据篡改：未授权修改、注入、仿冒、伪造数据等破坏数据完整性风险。

c）数据损毁：也称数据破坏，数据被损毁、数据质量下降、数据访问或使用中断等破坏数据可用性风险。

d）非法获取数据：违反法律、行政法规等有关规定，超范围收集、强制授权、非法获取公民个人信息等违法违规收集数据风险。

e）非法使用数据：也称非法利用数据，违反法律、行政法规等有关规定，使用、加工、委托处理数据。

f）非法共享数据：违反法律、行政法规等有关规定，向他人提供、交换、转移、交易、出境、公开数据。

# 附件 E  影响对象考虑因素

## E.1  国家安全

判断数据是否可能影响国家安全，常见考虑因素包括但不限于：

a）影响国家政权安全、政治制度安全、意识形态安全、民族和宗教

政策安全;

b）影响领土安全、国家统一、边疆安全和国家海洋权益;

c）影响基本经济制度安全、供给侧结构性改革、粮食安全、能源安全、重要资源安全、系统性金融风险、国际开放合作安全;

d）影响国家科技实力、科技自主创新、关键核心技术、国际科技竞争力、科技伦理风险、出口管制物项;

e）影响社会主义核心价值观、文化软实力、中华优秀传统文化等;

f）影响国家社会治理体系、社会治安防控体系、应急管理体系等;

g）影响生态环境安全、绿色生态发展、污染防治、生态系统质量和稳定性、生态环境领域国家治理体系等;

h）影响国防和军队现代化建设等，或者可被其他国家或组织利用发起对我国的军事打击;

i）影响电磁空间、网络空间安全、关键信息基础设施安全、人工智能安全，或者可能被利用实施对关键信息基础设施、核心技术设备等的网络攻击，可能导致特别重大或重大网络安全和数据安全事件;

j）影响核材料、核设施、核活动情况，或可被利用造成核破坏或其他核安全事件;

k）影响国家生物安全治理体系、生物资源和人类遗传资源安全、生命安全和生物安全领域的重大科技成果、疾病防控和公共卫生应急体系安全，或者可能导致重大传染病、重大生物安全风险;

l）影响在太空、深海、极地等领域的国家利益和国际合作安全;

m）影响海外重大项目和人员机构安全、海外能源资源安全、海上战略通道安全等。

### E.2　经济运行

判断数据是否可能影响经济运行，常见考虑因素包括但不限于:

a）影响市场准入、市场行为、市场结构、商品销售、交换关系、生产经营秩序、涉外经济关系等市场经济运行秩序;

b）影响社会总供给和总需求、国民经济总产值和增长速度、国民经济中主要比例关系、物价总水平、劳动就业总水平与失业率、货币发行总规模与增长速度、进出口贸易总规模与变动等宏观经济形势;

c）影响涉及国家安全的行业、支柱产业和高新技术产业中的重要骨干企业、提供重要公共产品的行业、重大基础设施和重要矿产资源行业等国民经济命脉；

d）影响行业领域或地区的经济发展、业务生产、技术进步、产业生态等。

### E.3 社会秩序

判断数据是否可能影响社会秩序，常见考虑因素包括但不限于：

a）影响社会稳定，可能引发社会恐慌，导致重大突发事件、群体性事件、暴力恐怖活动、社会治安问题等；

b）影响人民群众的民生保障或日常生活秩序，如扶贫、就业、收入、教育、文体、健康、养老、社保等民生事项或供电、供气、供水等基本服务保障工程；

c）影响国家机关、企事业单位、社会团体的生产秩序、经营秩序、教学科研秩序、医疗卫生秩序；

d）影响各级政务部门依法履行公共管理和服务职能；

e）影响司法领域的公正、公信或权威性；

f）影响公共场所的活动秩序、公共交通秩序。

### E.4 公共利益

判断数据是否可能影响公共利益，常见考虑因素包括但不限于：

a）影响对重大疾病（尤其是传染病）的预防、监控和治疗，或者可能引发突发公共卫生事件、造成社会公众健康危害；

b）影响社会成员使用公共设施；

c）影响社会成员获取公开数据资源；

d）影响社会成员接受公共服务等方面；

e）其他影响公共利益、社会秩序的数据。

### E.5 组织权益

判断数据是否可能影响组织权益，常见考虑因素包括但不限于：

a）导致组织遭到监管部门处罚、安全事件或法律诉讼；

b）影响组织的重要或关键业务生产经营；

c）造成组织经济损失；

d）破坏组织声誉、形象、公信力等；

e）影响组织的知识产权、商业秘密、技术损失等；

f）影响组织的公平竞争利益；

g）其他影响法人、非法人组织合法权益的数据。

### E.6 个人权益

判断数据是否可能影响个人权益，常见考虑因素包括但不限于：

a）影响个人私人活动、私有领域、私密部位等个人隐私；

b）影响自然人的人格尊严；

c）影响自然人的人身安全；

d）影响自然人的财产安全；

e）影响个人在个人信息处理活动中的权利，如选择权、知情权、拒绝权等；

f）其他影响个人权益的数据。

## 附件 F　影响程度参考示例

表 F.1 给出了不同影响对象对应的影响程度参考示例。

表 F.1　影响程度参考示例

| 影响对象 | 影响程度 | 参考说明 |
|---|---|---|
| 国家安全 | 特别严重危害 | 直接影响国家政治安全 |
| | 严重危害 | 关系其他国家安全重点领域，或者对国土、军事、经济、文化、社会、科技、电磁空间、网络、生态、资源、核、海外利益、太空、极地、深海、生物、人工智能等安全造成严重威胁 |
| | 一般危害 | 对国土、军事、经济、文化、社会、科技、电磁空间、网络、生态、资源、核、海外利益、太空、极地、深海、生物、人工智能等安全造成威胁 |

| 影响对象 | 影响程度 | 参考说明 |
|---|---|---|
| 经济运行 | 特别严重危害 | 1）直接影响关系国民经济命脉的重要行业和关键领域的经济利益安全，如涉及国家安全的行业、提供重要公共产品的行业、重要资源行业等<br>2）直接影响关系国民经济命脉的重点产业、重大基础设施、重大建设项目以及其他重大经济利益安全<br>3）对一个或多个行业领域的经济发展、业务生产、技术进步、产业生态造成特别严重危害，如对支柱产业和高新技术产业中的重要骨干企业造成重大损害，导致大面积业务中断、大量业务处理能力丧失等<br>4）对一个或多个省级行政区的经济运行造成特别严重危害，例如导致大范围停工停产、大规模基础设施长时间中断运行等 |
|  | 严重危害 | 1）直接影响宏观经济运行状况和发展趋势，如社会总供给和总需求、国民经济总值和增长速度、国民经济主要比例关系、物价总水平、劳动就业总水平与失业率、货币发行总规模与增长速度、进出口贸易总规模与变动等<br>2）直接影响一个或多个地区、行业内多个企业或大规模用户，对行业发展、技术进步和产业生态等造成严重影响，或直接影响行业领域核心竞争力、核心业务运行、关键产业链、核心供应链等 |
|  | 一般危害 | 1）对单个行业领域发展、业务经营、技术进步、产业生态等造成一般危害，如受影响的用户和企业数量较小、生产生活区域范围较小、持续时间较短、社会负面影响较小<br>2）对单个行业领域或地区的经济运行造成一般危害 |

| 影响对象 | 影响程度 | 参考说明 |
|---|---|---|
| 社会秩序 | 特别严重危害 | 1）关系重要民生，直接影响人民群众重要民生保障的事项、物资、工程或项目等<br>2）直接导致特别重大突发事件、特别重大群体性事件、暴力恐怖活动等，引起一个或多个省级行政区大部分地区的社会恐慌，严重影响社会正常运行 |
| | 严重危害 | 1）直接导致重大突发事件、重大群体性事件等，影响一个或多个地区的社会稳定<br>2）严重影响人民群众的日常生活秩序<br>3）严重影响各级政务部门履行公共管理和服务职能<br>4）严重影响法治和社会伦理道德规范 |
| | 一般危害 | 1）对人民群众的日常生活秩序造成一般影响<br>2）直接影响企事业单位、社会团体的生产秩序、经营秩序、教学科研秩序、医疗卫生秩序<br>3）直接影响公共场所的活动秩序、公共交通秩序 |
| 公共利益 | 特别严重危害 | 1）关系重大公共利益，导致一个或多个省级行政区大部分地区的社会公共资源供应长期、大面积瘫痪，大范围社会成员（如1 000万人以上）无法使用公共设施、获取公开数据资源、接受公共服务<br>2）导致特别重大网络安全和数据安全事件，或者导致特别重大事故级别的安全生产事故，对公共利益造成特别严重影响，社会负面影响大<br>3）导致特别重大突发公共卫生事件（Ⅰ级），造成社会公众健康特别严重损害的重大传染病疫情、群体性不明原因疾病、重大食物和职业中毒等严重影响公众健康的事件 |
| | 严重危害 | 1）直接危害公共健康和安全，如严重影响疫情防控、传染病的预防监控和治疗等<br>2）导致重大突发公共卫生事件（Ⅱ级），造成社会公众健康严重损害的重大传染病疫情、群体性不明原因疾病、重大食物和职业中毒等严重影响公众健康的事件<br>3）导致一个或多个地市大部分地区的社会公共资源供应较长期中断，较大范围社会成员（如100万人以上）无法使用公共设施、获取公开数据资源、接受公共服务 |
| | 一般危害 | 对公共利益产生一般危害，影响小范围社会成员使用公共设施、获取公开数据资源、接受公共服务等 |

| 影响对象 | 影响程度 | 参考说明 |
|---|---|---|
| 组织权益 | 特别严重危害 | 导致组织遭到监管部门严重处罚（如取消经营资格、长期暂停相关业务等），或者影响重要/关键业务无法正常开展的情况，造成重大经济或技术损失，严重破坏机构声誉，企业面临破产 |
| 组织权益 | 严重危害 | 导致组织遭到监管部门处罚（如一段时间内暂停经营资格或业务等），或者影响部分业务无法正常开展的情况，造成较大经济或技术损失，破坏机构声誉 |
| 组织权益 | 一般危害 | 导致个别诉讼事件，或在某一时间造成部分业务中断，使组织的经济利益、声誉、技术等轻微受损 |
| 个人权益 | 特别严重危害 | 个人信息主体遭受重大的、不可消除的、可能无法克服的影响，容易导致自然人的人格尊严受到侵害或者人身、财产安全受到危害。如遭受无法承担的债务、失去工作能力、导致长期的心理或生理疾病、导致死亡等 |
| 个人权益 | 严重危害 | 个人信息主体遭受较大影响，个人信息主体克服难度高，消除影响代价较大。如遭受诈骗、资金被盗用、被银行列入黑名单、信用评分受损、名誉受损、造成歧视、被解雇、被法院传唤、健康状况恶化等 |
| 个人权益 | 一般危害 | 个人信息主体会遭受困扰，但尚可以克服。如付出额外成本、无法使用应提供的服务、造成误解、产生害怕和紧张的情绪、导致较小的生理疾病等 |

# 附件 G　重要数据识别指南

重要数据识别应在符合 6.5 b) 的基础上，考虑如下因素：

a) 直接影响领土安全和国家统一，或反映国家自然资源基础情况，如未公开的领陆、领水、领空数据；

b) 可被其他国家或组织利用发起对我国的军事打击，或反映我国战略储备、应急动员、作战等能力，如满足一定精度指标的地理数据或与战略物资产能、储备量有关的数据；

c) 直接影响市场经济秩序，如支撑关键信息基础设施所在行业、领域核心业务运行或重要经济领域生产的数据；

d）反映我国语言文字、历史、风俗习惯、民族价值观念等特质，如记录历史文化遗产的数据；

e）反映重点目标、重要场所物理安全保护情况或未公开地理目标的位置，可被恐怖分子、犯罪分子利用实施破坏，如描述重点安保单位、重要生产企业、国家重要资产（如铁路、输油管道）的施工图、内部结构、安防情况的数据；

f）关系我国科技实力、影响我国国际竞争力，或关系出口管制物项，如反映国家科技创新重大成果，或描述我国禁止出口限制出口物项的设计原理、工艺流程、制作方法的数据，以及涉及源代码、集成电路布图、技术方案、重要参数、实验数据、检测报告的数据；

g）反映关键信息基础设施总体运行、发展和安全保护情况及其核心软硬件资产信息和供应链管理情况，可被利用实施对关键信息基础设施的网络攻击，如涉及关键信息基础设施系统配置信息、系统拓扑、应急预案、测评、运行维护、审计日志的数据；

h）涉及未公开的攻击方法、攻击工具制作方法或攻击辅助信息，可被用来对重点目标发起供应链攻击、社会工程学攻击等网络攻击，如政府、军工单位等敏感客户清单，以及涉及未公开的产品和服务采购情况、未公开重大漏洞情况的数据；

i）反映自然环境、生产生活环境基础情况，或可被利用造成环境安全事件，如未公开的与土壤、气象观测、环保监测有关的数据；

j）反映水资源、能源资源、土地资源、矿产资源等资源储备和开发、供给情况，如未公开的描述水文观测结果、耕地面积或质量变化情况的数据；

k）反映核材料、核设施、核活动情况，或可被利用造成核破坏或其他核安全事件，如涉及核电站设计图、核电站运行情况的数据；

l）关系海外能源资源安全、海上战略通道安全、海外公民和法人安全，或可被利用实施对我国参与国际经贸、文化交流活动的破坏或对我国实施歧视性禁止、限制或其他类似措施，如描述国际贸易中特殊物项生产交易以及特殊装备配备、使用和维修情况的数据；

m）关系我国在太空、深海、极地等战略新疆域的现实或潜在利益，如未公开的涉及对太空、深海、极地进行科学考察、开发利用的数据，以及影响人员在上述领域安全进出的数据；

n）反映生物技术研究、开发和应用情况，反映族群特征、遗传信息，关系重大突发传染病、动植物疫情，关系生物实验室安全，或可能被利用制造生物武器、实施生物恐怖袭击，关系外来物种入侵和生物多样性，如重要生物资源数据、微生物耐药基础研究数据；

o）反映全局性或重点领域经济运行、金融活动状况，关系产业竞争力，可造成公共安全事故或影响公民生命安全，可引发群体性活动或影响群体情感与认知，如未公开的统计数据、重点企业商业秘密；

p）反映国家或地区群体健康生理状况，关系疾病传播与防治，关系食品药品安全，如涉及健康医疗资源、批量人口诊疗与健康管理、疾控防疫、健康救援保障、特定药品实验、食品安全溯源的数据；

q）其他可能影响国土、军事、经济、文化、社会、科技、电磁空间、网络、生态、资源、核、海外利益、太空、极地、深海、生物、人工智能等安全的数据；

注1：影响国家安全的考虑因素见 E.1。

r）其他可能对经济运行、社会秩序或公共利益造成严重危害的数据。

注2：对经济运行、社会秩序、公共利益造成严重危害的参考示例见表 F.1。

具备以上因素之一的数据，可被识别为重要数据。

# 附件 H 一般数据分级参考

## H.1 一般数据分 4 级参考

按照数据一旦遭到泄露、篡改、损毁或者非法获取、非法使用、非法共享，对经济运行、社会秩序、公共利益或个人、组织合法权益等造成的危害程度，将一般数据从低到高分为 1 级、2 级、3 级、4 级共四个级别。

a）1 级数据：数据一旦遭到泄露、篡改、损毁或者非法获取、非法使用、非法共享，不会对个人权益、组织权益等造成危害。1 级数据具有公共传播属性，可对外公开发布、转发传播，但也需考虑公开的数据量及类别，避免由于类别较多或者数量过大被用于关联分析。

b）2 级数据：数据一旦遭到泄露、篡改、损毁或者非法获取、非法使用、非法共享，对个人权益、组织权益造成一般危害。2 级数据通常在组织内部、关联方共享和使用，相关方授权后可向组织外部共享。

c）3 级数据：数据一旦遭到泄露、篡改、损毁或者非法获取、非法使用、非法共享，对个人权益、组织权益造成严重危害。3 级数据仅可由授权的内部机构或人员访问，如果要将数据共享到外部，需要满足相关条件并获得相关方的授权。

d）4 级数据：数据一旦遭到泄露、篡改、损毁或者非法获取、非法使用、非法共享，对个人权益、组织权益造成特别严重危害，或对经济运行、社会秩序、公共利益造成一般危害。4 级数据按照批准的授权列表严格管理，仅能在受控范围内经过严格审批、评估后才可共享或传播。

### H.2　一般数据分 3 级参考

按照数据一旦遭到泄露、篡改、损毁或者非法获取、非法使用、非法共享，对经济运行、社会秩序、公共利益或个人、组织合法权益等造成的危害程度，将一般数据从低到高分为 1 级、2 级、3 级共三个级别。

a）1 级数据：数据一旦遭到泄露、篡改、损毁或者非法获取、非法使用、非法共享，对个人权益、组织权益造成一般危害或无危害。

b）2 级数据：数据一旦遭到泄露、篡改、损毁或者非法获取、非法使用、非法共享，对个人权益、组织权益造成严重危害。

c）3 级数据：数据一旦遭到泄露、篡改、损毁或者非法获取、非法使用、非法共享，对个人权益、组织合法权益造成特别严重危害，或者对经济运行、社会秩序、公共利益造成一般危害。

### H.3　一般数据分 2 级参考

按照数据一旦遭到泄露、篡改、损毁或者非法获取、非法使用、非法共享，对经济运行、社会秩序、公共利益或个人、组织合法权益等造成的危害程度，将一般数据从低到高分为 1 级、2 级。

a）1 级数据：数据一旦遭到泄露、篡改、损毁或者非法获取、非法使用、非法共享，对个人权益、组织权益造成一般、严重危害或无危害。

b）2 级数据：数据一旦遭到泄露、篡改、损毁或者非法获取、非法使用、非法共享，对个人权益、组织权益造成特别严重危害，或者对经济运行、社会秩序、公共利益造成一般危害。

### H.4 最低参考级别

一般数据分级应对个人信息、公共数据等特定类型数据设置合理的数据级别，特定类型数据最低参考级别如下。

a）在一般数据分 4 级框架下，特定类型一般数据的最低参考级别为：

1）敏感个人信息不低于 4 级，一般个人信息不低于 2 级；

2）组织内部员工个人信息不低于 2 级；

3）去标识化的个人信息不低于 2 级；

4）个人标签信息不低于 2 级；

5）有条件开放/共享的公共数据级别不低于 2 级，禁止开放/共享的公共数据不低于 4 级。

b）在一般数据 3 级框架下，特定类型一般数据的最低参考级别为：

1）敏感个人信息不低于 3 级，一般个人信息不低于 2 级；

2）有条件开放/共享的公共数据级别不低于 2 级，禁止开放/共享的公共数据不低于 3 级。

c）在一般数据 2 级框架下，敏感个人信息不低于 2 级，禁止开放/共享的公共数据不低于 2 级。

# 附件 I  衍生数据分级参考

按照数据加工程度不同，数据通常可分为原始数据、脱敏数据、标签数据、统计数据、融合数据，其中脱敏数据、标签数据、统计数据、融合数据均属于衍生数据，见表 I.1。

表 I.1  加工程度维度的数据分类

| 数据类别 | 类别定义 | 数据示例 |
|---|---|---|
| 原始数据 | 是指数据的原本形式和内容，未作任何加工处理 | 如采集的原始数据等 |
| 脱敏数据 | 对敏感数据（如个人信息）采取技术手段进行数据变形处理后的新数据，降低数据敏感性 | 如去标识化的个人信息等 |

| 数据类别 | 类别定义 | 数据示例 |
|---|---|---|
| 标签数据 | 对用户行为进行画像分析,生成用户标签数据描述用户属性特征 | 偏好标签、关系标签等 |
| 统计数据 | 是由多个个人或实体对象的数据进行统计或分析后形成的数据 | 如群体用户位置轨迹统计信息、群体统计指数、交易统计数据、统计分析报表、分析报告方案等 |
| 融合数据 | 对不同业务目的或群体、区域、领域的数据汇聚,进行挖掘或聚合 | 如多个业务、多个区域、多个领域的数据整合、汇聚等 |

衍生数据级别可参考原始数据级别,综合考虑数据加工对分级要素、影响对象、影响程度的影响,按照第 6 章进行数据分级:

——脱敏数据级别可比原始数据级别降低;

——标签数据级别可比原始数据级别降低或升高;

——统计数据级别可比原始数据级别降低或升高;

注:例如,反映国民经济运行总体情况、行业领域产业发展态势、影响国家宏观调控能力的未公开统计数据,可设置比原始数据级别更高的级别;又如,原始数据包含大量原始明细数据,而衍生数据是不敏感的统计特征,可设置比原始数据级别更低的级别。

——融合数据级别要考虑数据汇聚融合结果,如果结果数据是对大量多维数据进行关联、分析或挖掘,汇聚了更大规模的原始数据或分析挖掘出更敏感、更深层的数据,级别可以升高,但如果结果数据降低了标识化程度等,级别可以降低。

# 附件 J　动态更新情形参考

数据分类分级完成后,当数据的业务属性、重要程度和可能造成的危害程度变化时通常需要进行动态更新,动态更新常见情形包括但不限于:

a) 数据规模变化,导致原有数据的安全级别不再适用;

b) 数据内容未发生变化,但数据时效性、数据规模、数据应用场景、数据加工处理方式等发生显著变化;

c）多个原始数据直接合并，导致原有的安全级别不再适用合并后的数据；

　　d）因对不同数据选取部分数据进行合并形成的新数据，导致原有数据的安全级别不再适用合并后的数据；

　　e）不同数据类型经汇聚融合形成新的数据类别，导致原有的数据级别不再适用于汇聚融合后的数据；

　　f）数据进行脱敏或删除关键字段，或者经过去标识化、匿名化处理；

　　g）发生数据安全事件，导致数据敏感性发生变化；

　　h）因国家或行业主管部门要求，导致原定的数据级别不再适用；

　　i）需要对数据安全级别进行变更的其他情形。